森の道楽

自分の森を探検する

藤澤和人
Fujisawa Kazuto

コモンズ

はじめに

私は大きな木が好きだ。巨樹の目安とされる胴まわり三メートル以上とまではいかなくても、人の寿命以上の年月を経た樹木が生い繁る森に入ると、自然の偉大さに畏《おそ》れを感じ、謙虚になることができる。

いまから二四年前の一九八五年、自分の森を持とうと思い立った。それは大それた考えからではなく、最初は小さな森の中の家庭菜園づくりをめざしたのだが、偶然にも東広島市の家の近くに三六〇坪(約〇・一二ヘクタール)の雑木林が見つかった。そこを想定よりも安く購入できたことがきっかけとなり、開墾の意外な面白さや、その後の畑仕事、椎茸《しいたけ》栽培、小屋づくり、栗拾い、野鳥とのふれあいなど森のある暮らしの魅力を知ってしまった私は、よりスケールの大きな森が次々に欲しくなる。近い場所での山林の売り物はなかなか現れなかったが、懐具合と相談しながら、情報があるのを待って購入していった。

いま一番気に入っているのが一九九七年に入手した四番目の森。家から車で三〇分かかるが、広さが東京ドームとほぼ同じ四・四ヘクタール(約一万三〇〇〇坪)あり、深い森の風格がある。当初は大小の樹木が密集して荒れ放題で、私の寿命のあるうちには到底手入れが終わらないと思っていた。

在職中は週一度、二〇〇一年に会社を早期退職したいまは週に二度のペースで、この森に出かけている。枯れた木を取り除き、枝打ち作業（木の下のほうの枝や余分な枝を切り落とす）と残す木の選別をしているのだが、知らない木やキノコを見つけたりするとしばらく作業中断となる。一日に一五畳程度（約二五㎡）の面積しか進まない。

もちろん、私は森を育てることで利益を得ようとは思っていない。ご承知のように採算が合わないし、大半の広葉樹は商品価値がない。にもかかわらず手入れするのは、森で汗を流すなかで、自分のやすらぎの空間が少しずつ広がっていくことに喜びを覚えるからだ。

実は、この森に行くのが楽しい理由がもうひとつある。ここで私がしていることは「探検」なのだ。土地の境界は見回って知っていても、内部の状況がどうなっているのかまったくわからないこの森を少しずつ整備する過程で、面白い木や大きな岩、横穴、湧き水などを発見して、童心に返って喜んでいる。

趣味の定義を「小遣いの範囲で健全に楽しむもの」とすると、私の場合はそのレベルを超えた道楽の部類に入っている。誰にでも勧められるわけではないけれど、普通のサラリーマンだった私にできるのだから、多少の犠牲と、反対するかもしれない配偶者の説得を覚悟のうえで、あなたもいかがだろうか？

もくじ●森の道楽　自分の森を探検する

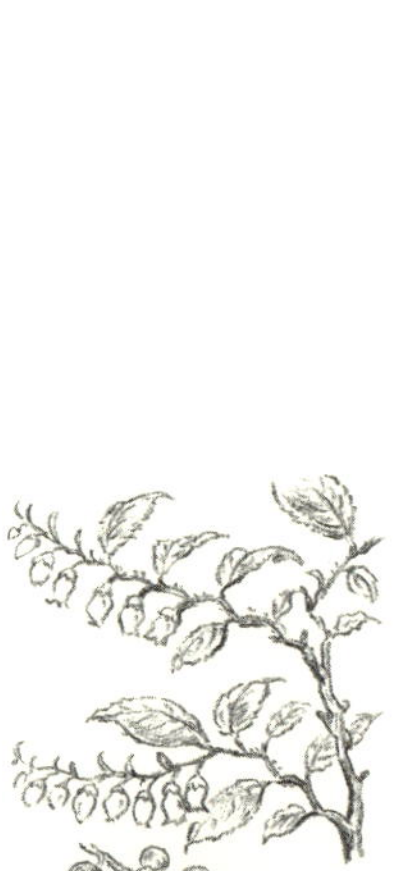

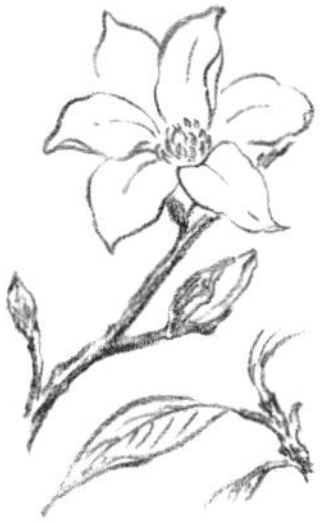

第3章　広い森を手入れする日々　59

第4章　後半生を遊ぶ　91

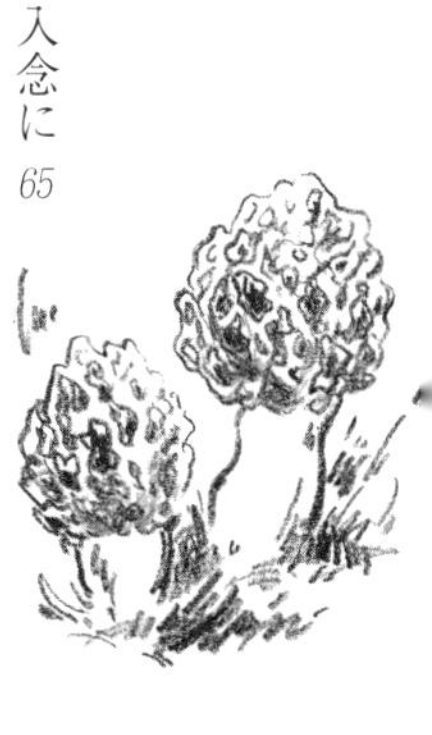

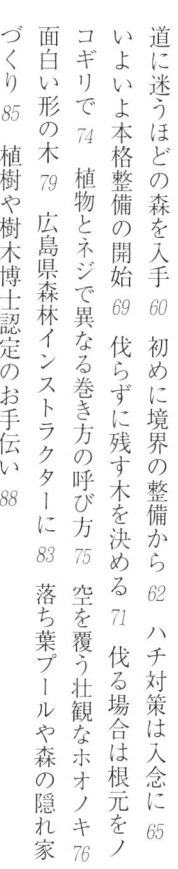

カット●高田美果

第1章

道楽の始まり

完成したログハウス

始まりは山歩きと家庭菜園

休日の朝の駅では、リュックをかついだ人たちがメンバー待ちをしている光景が見られる。年代的には五〇代後半〜六〇代といったところだろうか。私と同じ一九四七年前後に生まれた人たちである。どうもこの世代は、山歩きが好きな気がする。私が三〇代だったころも登山が盛んだったし、その当時を思い返しても、もっと若い人やずっと年配の人は少なかったように思う。もっとも、これは私の思いこみかもしれないし、団塊の世代の人数が多いので目についただけかもしれない。

私も山歩きが好きで、とくに二〇代後半からは地域の人たちが集まっている山岳クラブに入会して、月に一度の例会で近隣の山を歩くほか、ときには広島県外にも遠征して、けっこう楽しいときを過ごしていた。個人でも、地図と磁石を頼りに環境省が設けた中国自然歩道を順にたどったりしたものだ。

しかし、三五歳を過ぎたころからだろうか、なんとなく物足りないような、時間をムダにしているような気がしてきた。むなしさみたいなものを、とくに下山するときに強く感じるのである。

振り返って思うに、山を歩いているときは周囲の木々や景色を見たりしてそれなりに楽しいのだが、後に何も残っていない気がした。自分に与えられている時間は有限なのに、その時間をただいっときの楽しさのためだけに費やすことへの焦りというか、もったいなさというか、とにかく純粋に楽しめなくなったのである。四〇歳を前にして、自分の残りの寿命を意識しはじめたのだろうか。

当時、妻が家の庭にごくごく小さな家庭菜園をつくり、子どもの好きそうなイチゴやトマトを植えていた。野菜の栽培は何かひとつ成功すると次々に欲が出るもので、サツマイモやジャガイモなどにも挑戦してみたくなる。それも、家で消費する分ぐらいはつくって、いつも新鮮なものを食べたくなるようだ。さらに、何年か続けていると農業知識が増え、連作障害を防ぐうえからも計画的な土地の活用を考えるらしい。必然的に、もっと広い畑が欲しいという声が、妻からあがるようになる。

私自身も食べ物を自分で育てることに興味を抱きはじめていた。私が育った大分県の家には三〇坪ほどの畑があり、子どものころは汲み取り式トイレから下肥《しもごえ》を桶に入れて運んだ記憶がある。臭いし、両隣の家はそんなことをしていないので、とても恥ずかしかった。つくっていた作物でよく覚えているのはサツマイモだけだが、それは掘るのが楽しかったせいだろう。

概して、子どものころに農作業を手伝わされると、おとなになってから農業に興味がわかないようだ。友だちと遊びたいのに無理やり手伝わされたという思いが、そうさせるのだと思う。ちなみに、妻は会社の社宅育ちで、まったく土いじりの経験のない人間だった。

私が野菜をつくってみる気になったのは、その当時の仕事内容とも関係があるだろう。会社で労働衛生に携わり、社員の健康にかかわる職業病予防や各種有害物の分析の仕事を行うなかで、添加物のない自然に育った食べ物の大切さを実感していたからだと思う。

畑にできそうな土地を探す

そんなわけで、どこか畑を探してみようということになった。庭以外に畑を探すとなると、このあたりで一般的なのは、農家の遊休畑を借りるか市民農園に申し込むかである。それらを借りて畑仕事をしている方が近所にけっこういたので、「うちでもやるか」とまずは考えた。

安全で美味しい野菜をつくるとなると、無農薬・完全有機栽培しかないと単純に思いこむのが、私たち素人である。有機農業の本を読むと、化学肥料を入れない場合、落ち葉などの有機肥料が土のなかで発酵分解されて効くまでに最低三年はかかると書いてあった。よその畑を借りて一生懸命に土を肥やしても、地主に「来年は返してくれ」と言われたら、返さざるをえない。それでは、自分に成果が返ってこない。

そこで、借りるのではなく買おうということに相成ったのである。家のローンも返し終わって、気が大きくなっていたのだろう。

ところが、いざその気になって調べてみると、不動産広告には農業ができる土地の情報など皆無といっていいほどない。農協(JA)なら農家間の農地売買の情報があるだろうと思って聞いてみると、非農家は四〇アール(約一二〇〇坪)以上でなければ農地を買えない仕組みになっていた。農地の細分化を防ぐための施策であるが、自分が当事者になってみれば不便なものだ。しかも、広島市内への通勤圏であることから、我が家に近い田んぼは一坪一〇万円ぐらいはするらしい。四〇アールとなると一億三〇〇〇万円。とんでもない値段だ。これを聞いた瞬間に、農地を手に入れる夢は吹っ飛んだ。

次善の策として、すぐに作物はつくれないが、手を入れればそのうち畑にできそうな山林や雑種地(宅地、田畑など特定の土地分類に該当しない土地)を探すことにした。だが、農地以上に情報が少ない。たまに不動産広告に載っていても、家を建てることが前提の土地であるためか、すべて一坪一〇万円前後の値段がついている。遊びみたいな畑仕事では、とても採算が取れない。

そこで、まったく期待していなかったのだが、電話帳を見て、地元の不動産会社に上から順に電話していった。すると、偶然にも家から徒歩一〇分ほどのところに三六〇坪の雑木林が見つかったのだ。民家の裏手にあたり、道が狭くて車が入れない場所なので、もて余していた物件らしい。

雑木林に案内されたとき、その不動産会社の社長は、「ここなんですよ」とだけ言って、あとは私が「戻りましょうか」と言い出すのを待っているような雰囲気だった。普通だったら、その土地のよさをあれこれ話して買う気にさせるはずだ。中まで見通せないほど荒れていて、作業着でなければ立ち入るのをためらうような土地を買う人間がいるわけがない、と思っていたにちがいない。

彼が口にした値段は、私の予想金額の三分の一程度だったので、即座に「いいですよ」と言ってしまった。駆け引きの上手な人なら「もう少し勉強してよ」とか交渉するのだろうが、当時の私は(いまもそんなに変わらないと思うが)純朴だった。

「言った直後に「早まった」と思ったのだが、相手の顔つきからは「しまった、安すぎた」という表情が読めたので、後悔はしなかった。もっとも、トランプのポーカーゲームと同じで、真実は闇のなかである。

私が想像するに、この雑木林は、保有していた広い土地を住宅団地の開発企業に売り渡した残りだろう。布にたとえれば、洋服生地を切り抜いた後のハギレみたいなものだ。購入後の登記は、司法書士に頼まずに、自分でやった。お金がもったいないということのほかに、なんでも自分でやってみようという気持ちがそのころは強かったのだと思う。いまは少し減ったかもしれないが……。

もちろん、不動産登記の申請書の書式など素人の私が知っているわけがない。ともかく聞いてみようと法務局の出張所に出かけて、恐る恐る言ってみた。

「自分で登記をやりたいのですが、個人でもできるのでしょうか」

すると、いろいろな申請の見本帳を出してきてくれるではないか。該当する書類のコピーまでしてくれた。お役所仕事という言葉があるように、私は邪魔くさがられて嫌な顔をされると覚悟して行ったのだが、とても親切だった。ただし、いつでもそうなのか、私が行ったときは特別に機嫌がよかったのかは、わからない。

司法書士事務所なら和文タイプで申請書類を作成するのだろうが、私のは手書きだった。当時はまだワープロがそれほど普及していなかったと思う。手書きの登記書類など、この法務局でもはじめてだったのではなかろうか。結果的に、司法書士に依頼する費用の一〇分の一ぐらいで登記できたと記憶している。

雑木林の開墾

登記後すぐに、雑木林の手入れにかかる。林の中は、ヤブをかき分けながら進むような状態だった。いずれていねいにやるとしても、まずは全体像を把握しておかないと、どのように使うか決められない。枯れた木やトゲのある植物を取り除きながら、周囲の状況がわかる程度に整備していった。この段階では木の種類を調べる余裕などなかったが、ところどころに大きな木があるのはわかった。

北側の少し高いところで見つけたのは、墓の跡らしきものだ。幅四メートル、奥行き二メートルに切石を埋め込んで、墓地のようにしてあった。ただし、墓石は周囲にも見当たらない。そこだけが、樹木が生えずにポッカリとあいた空間になっていた。当時小学生だった娘は基地にすると言って喜んだ。

後日、この土地に一番近いお宅を訪問した折に、そこのおじいさんから聞いた話によると、彼が子どものころは畑で、上のほうにお墓があったそうだ。その後持ち主が土地を売り、お墓も移したらしい。めぐりめぐって私のものになったわけだ。小さな土地であっても、その歴史を聞くと、なんとなく愛着がわく。

ある程度の整備が終わったところで、当初の目標に向けて開墾を始めた。使う道具はノコギリとツルハシだけ。ユンボ（パワーショベル）などの機械は道が狭くて入れない。仮に入れたとしても、使う気はなかった。

三六〇坪のうち平坦な南側八〇坪ほどを畑にできるまで整地するのに、二年ほどかかったと思う。直径一〇センチの細い木でも、根は一メートルにも広がっていて、掘り起こすのに二時間はかかり、真冬でも汗ビッショリになる。直径二〇センチの木なら、半日仕事である。大物を一本かたづけたときの爽快さは格別で、開墾は男のスポーツだと感じた。

大木の根を掘り起こすのは、まさに「力いっぱい」の作業である。ふだん言うところの「力いっぱい」は、本当の「力いっぱい」ではない。

たとえば、三〇キロの荷物を持ち上げるには、三〇キロの力を出せばよい。しかし、木の根を掘り起こす場合は、三〇キロの力では一〇センチしか動かなくても、五〇キロの力では倍以上も動くのだ。まったくビクともしなかった切り株が、もう少し強い力を出すと、細い根の切れるブスブスという音とともに持ち上がってくる。だから、ごく自然に、自分のもてる最大の力を振りしぼるようになる。真冬の汗ビッショリの意味がおわかりいただけるだろう。

いまになってこの畑を見ると、自分でもよくやったと思う。三〇代だったから、できた。いまでは腰を痛めるのが怖くて、とても「力いっぱい」はできない。

孟宗竹で小屋をつくる

雑木林の隣には孟宗竹《もうそうちく》の林があり、そこから根が侵入してきて、五〇本以上の孟宗竹が自生していた。竹の根は少しでも残すと繁殖するので、ていねいに取り除く必要がある。地面の下三〇センチを網の目のように走る根を掘るのはたいへんだが、端から順に畑にする部分を掘り返すので、苦にはならなかった。

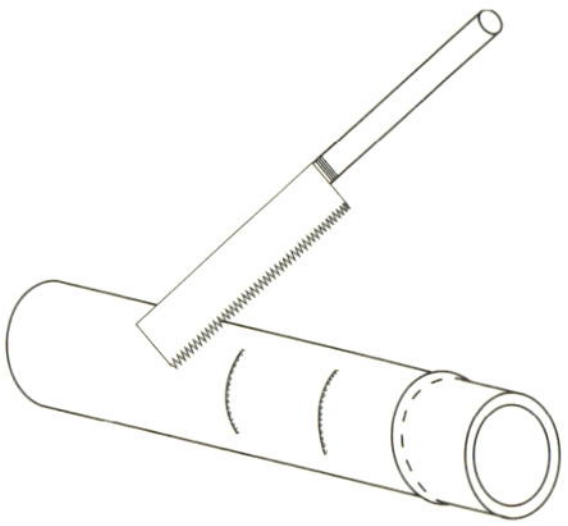

図1　竹にノコギリで切れ目を2本、平行に入れる

伐り倒した孟宗竹はいずれも直径一〇センチ以上あり、燃やしてしまうには惜しい。そこで、畑仕事に必要な道具をしまう小屋をつくることにした。竹を組み合わせて骨組みとし、上に塩化ビニールの波板を張って、傾斜のあるカマボコ型の屋根を架ける。広さは、使い勝手がよいように六畳程度だ。

竹で骨組みをつくるには、丸い竹を十文字に組み合わせる。しかし、そのまま縛っただけでは交差部分が動いて不

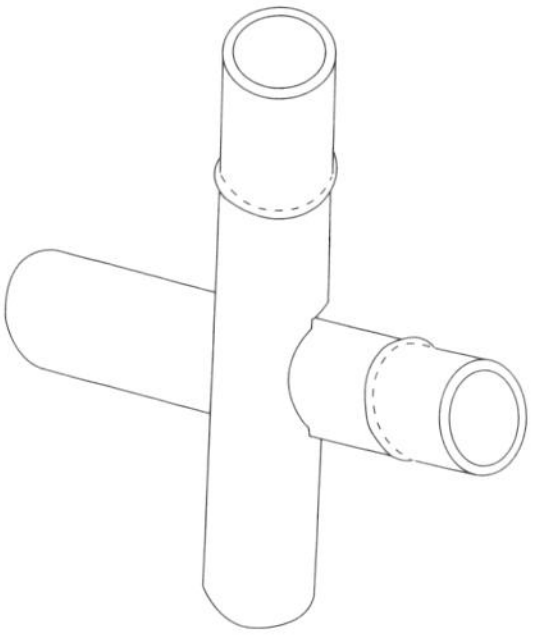

図３　十文字に組み合わせる

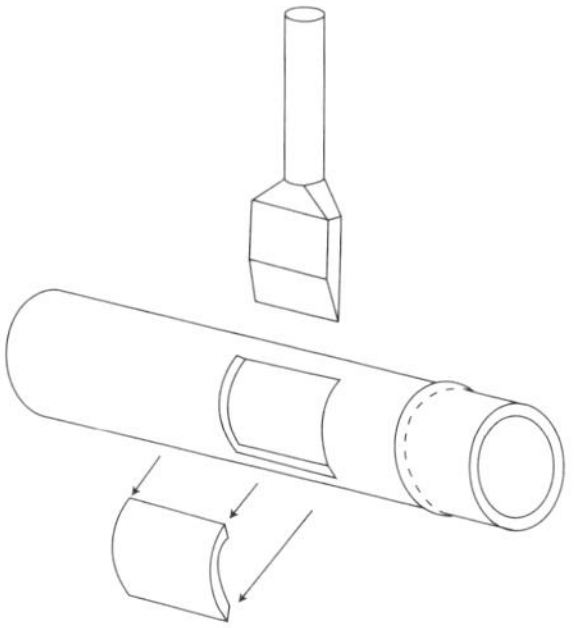

図２　ノミとカナヅチで割る

安定なので、双方に切り欠き（へこみ）を入れなければならない。竹の軸に直角に、ノコギリで切れ目を二本、平行に入れる（図１）。二本の間隔は、組み合わせる竹の直径と同じにする。切れ目の深さは直径の三分の一ぐらい。二本の切れ目の先端をつなげるようにノミを当てて、カナヅチでたたくとパカッと簡単に割れる（図２）。

木材で同じ加工をするよりも格段にやさしい。切れ目の深さを直径の二分の一にすると、十文字に組み合わせたときに出っ張りがなくて見た目はきれいだが、強度が落ちる。

こうして組み合わせて、ステンレスの針金で何重にも縛りつければ、上下左右ともずれずに固定できる（図３）。

屋根のアーチ型カーブは、裂いた竹を束ねて、地面に立てた杭に沿って弓形に曲げてから、三〇センチ間隔でステンレスの針金を巻きつけて成形した（図４）。基礎もつくらず、針金で縛っただけだ。「三年もてばいいね」と娘と話し

孟宗竹でつくった小屋

ながらつくったのだが、意外にも何度かの台風に耐えて現在に至っている。もっとも、いまでは屋根の波板が一部破損しているが……。

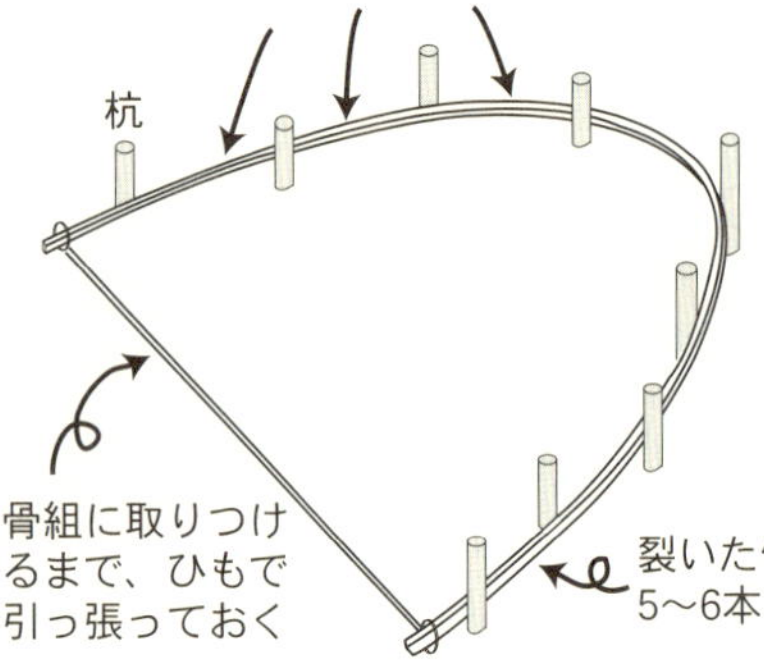
30センチごとにステンレスの針金で束ねる
骨組に取りつけるまで、ひもで引っ張っておく

図４　アーチ型の成形

椎茸の栽培

伐採した木の幹も再利用した。椎茸の栽培ができたら楽しいと考え、まったくの素人ながら挑戦することにしたのだ。もともと貧乏性なのだろうが、ものをムダに捨てるのにはどうも抵抗がある。ちなみに、私の生まれ育った大分県は日本一の椎茸産地である。

図書館で調べたか広島県の林業試験場に聞いたか、記憶は定かでないが、椎茸の菌を植え付けたもの（種駒という）を明治製菓が製造していることを知った。お菓子の会社が椎茸菌を研究していることに驚きながら、ともかく電話をかけてみる。すると、我が家の近くでは森林組合で種駒を販売していることを教えてくれただけでなく、椎茸の育て方を書いたテキストも送ってくれた（もちろん、明治製菓のいろいろな種駒の紹介パンフレットも添えて）。

椎茸を育てる材料の木を「ほだ木」という。そのテキストによれば、冬に伐採した木の乾燥具合を木口（木の丸い断面）に入ったヒビの形で判断し、最適な時期（水分が三五％程度になったとき）にドリルで開けた八・五ミリの穴に種駒を打ち込む。その後、寝かせて上に雨と風が適度に当たるように小枝などを掛けて（仮伏せ）、春になったら井桁《いげた》や山形に組

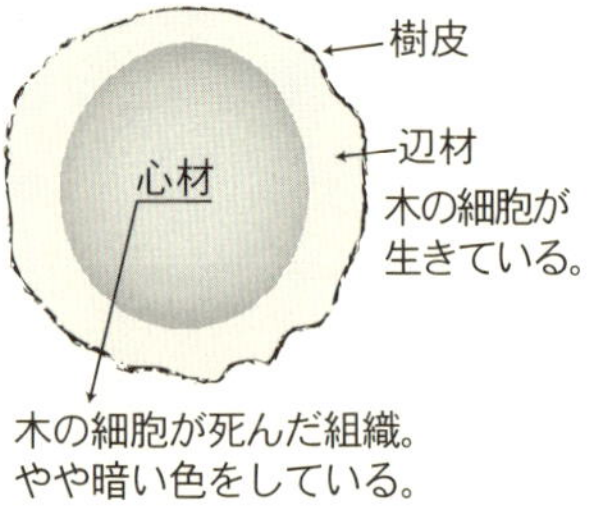
樹皮
辺材
木の細胞が
生きている。
心材
木の細胞が死んだ組織。
やや暗い色をしている。
図５　心材と辺材

み直す（本伏せ）。

　椎茸が出るのは翌年の秋。つまり、伐採してから約二年の歳月が必要なのである。途中、椎茸菌がほだ木全体に広がるように、上下を引っくり返したり、風の通り具合を見たりと、なかなか手がかかる。

　ほだ木には、クヌギやコナラなどのいわゆるドングリのなる木が最適という。栗もよいが、採取できる期間が短い。椎茸菌は、木の断面の外側、樹皮と心材のあいだにある辺材という部分の養分を吸って成長する（図５）。栗は心材の部分が大きく、辺材が薄いので、短期間に栽培が終わってしまうらしい。また、ほだ木に適したサイズは直径一〇センチぐらいがよい。

　だが、実際に植菌するにあたっては、なかなか教科書どおりにはできない。クヌギはこの雑木林にはないので対象外だが、コナラや栗だけでなく、樫《かし》の木（アラカシ）などでも試してみた。なにしろ、伐り倒した木をムダにするのはいかにももったいない。直径五センチ程度の太さまではすべて使ってみた。

　結果的にはほぼ成功。切り口が白いコシアブラやタカノツメなどは失敗したが、ヤシャブシやハンノキの仲間、それにドングリのなる木は、すべて椎茸が発生してきた。ほとんどの広葉樹は、出やすさの差こそあれ使えるようだ。スギ・ヒノキ・マツなどの針葉樹は、テキストに「発生しない」と書いてあったので、最初から試していない。

また、椎茸が出はじめるころに、ほだ木に衝撃を与えると、椎茸菌が目を覚ますらしい。テキストには、「コンクリートの床や石の上でドンドンと突くとよい」と書いてある。でも、重たいほだ木を何十本も持ち上げるのはたいへんなので、代わりに木槌で叩いてまわった。

椎茸を育てるうえでもっともたいへんなのは、種駒を打ち込むための穴開けである。テキストでは電気ドリルを使うことになっているが、雑木林には電気を引いていないので、ハンドボール（手回しドリル）を使っている。

ひとつの穴を開けるのに、二〇回は回す必要がある。ドリルをはずすときも、同じだけ逆回転させなければならない。つまり、ひとつの種駒のために四〇回の動作がいるのだ。一本のほだ木に平均で三〇個打ち込むので、一二〇〇回となる。しかも、中腰の姿勢で作業する。一日かかって二五本を処理し終わるころには、腰が相当くたびれる。毎年やっているわけではないが、これが正月明けの一大労働である。

はじめて収穫した椎茸は肉がぶ厚く、フライパンでバターと炒めた椎茸ステーキの味は最高だった。

最初の二〜三年はテキストどおりにきちんと育成していた。しかし、慣れてくると、種駒を打ち込むだ後の雨風のあたり具合の調節やほだ木の上下の引っくり返しをていねいにしなくなる。こうした手抜き作業を始めてからは、椎茸のサイズが小さくなり、出る数も減ってきた。野菜づくりもそうだろうが、手をかけないと思いどおりにはいかない。初心忘れるべからず。反省。

野鳥を楽しみ、山繭に感激

当然ながら、野鳥がたくさんやってくる。畑仕事をしていると、四メートルぐらい離れたところに降りてきて、何やら突ついてパッと飛び立つ。どうも、私が畑を耕すときに現れる地中の虫をねらっているらしい。飛び立っても、近くの小枝に止まってこちらを見ている。

ジョウビタキは人を恐れないのか、もっと近くまでやってくる。二メートル先の地面に降り、しかもこちらに背を向けて、何やら突ついている。ここまで馴れ馴れしいと、

ジョウビタキ

可愛いというより、なめられているような気分になってくる。あるときは、二メートルほど離れた高さ五〇センチの枝に止まって、じっとこちらの様子を見ていた。掘り返した土の中から虫を探して、鳥の近くにポンと投げてやると、その瞬間は驚いて飛び立つのだが、数分後にサッと飛来して、虫をくわえて飛び去る。「餌づけできるのでは」と期待して、何度か試してみたが、そこまで甘くはなかった。

秋になって葉の落ちた大きな栗の木の下で畑仕事をしていると、キツツキの仲間のコゲラがやってきて頭上の枝を突つく。けっこう大きな音がする。しかも、一秒間に三回の速いピッチだ。頭蓋骨の構造上、脳しんとうにはなりにくいらしいが、本当に大丈夫かと心配したくなるほどだ。

集団でやってくるのは、シジュウカラやエナガ。およそ一〇羽が林の中をチッチッと鳴き交わしながら、順に移動していく。

ことほどさように野鳥が多いので、二〇〇五年から巣箱をひとつ架けているが、まだ入った形跡がない。考えるに、穴を大きく開けすぎたようだ。穴が鳥のサイズより大きいと、自分よりも大きな鳥が入ってきて、雛を食われる恐れがあると、本能的に思うのだろうか。

雄のキジを見ることも、たまにあった。畑に行く途中の五〇メートルほどの小道を歩いていると、二〜三メートル先から急に飛び立つので、思わずビックリしてしまう。ギリギリまで近づかないと逃げない性質があるというのは、本当だと実感した。ただし、残念ながら、ここ三年は見かけない。悪さをする気はないので、付近に住みついてくれるとうれしいのだけれど……。

この一〜二年で気になるのは、カラスが増えたことだ。この雑木林には巣はないが、ここから見える背の高いヒノキの先端によく止まっているので、近くに巣があるのかもしれない。

山繭(山繭が出た後)

アラカシの葉のなかに山繭《やままゆ》を見つけたときは感激した。薄緑色に輝く山繭をつくる蚕は野性だと聞いており、ほぼ住宅地と畑に囲まれた、人家に近いこの雑木林で発見できるとは思ってもいなかったからだ。この蚕は飼育がむずかしいらしく、その繭で織る絹はとても高価だという。最近、まち起こしのために山繭の飼育に取り組んでいるグループが広島市北部の可部《かべ》町(安佐《あさ》北区)にあるそうだ。

この山繭から生まれる蛾《が》(ヤママユガ)を実際に見た

くて、大きなビニール袋に入れておいたら、汚い肌色をした大きな蛾になった。図鑑のとおりであった。アラカシは常緑樹で、繁っている周辺は一年中日当たりが悪いが、山繭のためにー部はそのままにしておこうと思っている。

筍採り

春、四月下旬から五月連休にかけて、筍《たけのこ》が顔（頭？）を出す。先にふれたが、隣が孟宗竹の林だから、この雑木林にもしつこく根が伸びてきて、毎年筍が生える。地中にあるうちに掘った筍にはエグ味が少ないということは知っている。とはいえ、筍農家のように頭を出す前に足で探って見つけるようなことはできないので、ちょっと頭を覗かせたのを見つけて掘り出す。これまでに掘った最大の筍は直径一二センチもあった。

一シーズンに出る量は、年によってかなりバラツキがある。一番少なかった年は四本で、最高は四〇本だった。平均すれば一五本ぐらいか。シーズン初めに見つけた筍は、下のほうまでていねいに掘り出そうとする。だが、後半はあまりうれしくなくなっているのが手に現れるのか（自分としてはそれほど手荒にしているつもりはないのだが）、途中で折れるものが増えてくる。

初めの五本ぐらいは、すぐに料理したり、水煮にして冷蔵庫で保存したりする。それを食べ切る前に次から次へと見つかると、ご近所に配りはじめる。ふだんお付き合いのない家庭に持っていっても、お返しの心配をかけると思うから、配達先は限定される。

一巡目が終わると、もう一回持っていくわけにもいかないので、頭を悩ます。悩むぐらいなら、畑で蹴り倒せばよいのだろうが、そこはそれ、モッタイナイ病が……。妻が冷凍に挑戦したこともあったが、解凍して食べてみると、ラーメンのシナチクのようでまったく美味しくない。どなたかによい方法を教えてもらいたい。

竹の繁殖を防ぐ

近年、竹の繁殖が日本中で問題化している。竹は繁殖力が強く、ほかの樹木を駆逐しながら広がっていく。網目状に広がった根によって地中の養分を吸い取るから、ほかの植物が弱っていくという説と、竹は数カ月の間に成木（成竹？）になり、ほかの樹木の上に出て太陽光を独占するので、周囲の樹木が光合成できなくなって枯れるという説がある。

どちらの要因もあると思うが、私は太陽光の減少が原因として大きいと考えている。竹林に囲まれていても、背の高い木が残っている事例を目にするからだ。実際に、隣の竹林

孟宗竹の根の先端

でも大きなヒノキやアラカシ、カキなどが元気だし、竹林の縁の太陽の当たる場所には低木が繁っている。

竹の地下茎は太さが三センチ近くある。先端は円錐状になっていて、地中を突き進む。大きな石に当たって地表に出ても、それを乗り越えてふたたび地中に潜って進む。筍が出るとはいえ、もう伸びてきてほしくない。地中に深い隔壁を設置すれば止められるとテレビで見たが、全面に施すのは費用がかかる。畑を耕すときにこまめに伐るしかないか、と思っている。

地中を伸びてきた根を伐ったり、掘り取ったりするときは、ツルハシを使う。最初の開墾からずっと同じツルハシを使い続けているわけだが、平たくなっているほうの先を調べたら、買ったときよりも二センチほど短くなっていた。グラインダーで研いだりしていないので、地中の石や木の根で擦り減ったということだ。そういえば、柄の部分にもゆがみがある。切り株を起こすのにテコのようにして使ったからだ。一種の勲章である。

竹はいったん伸びて枝を張ると、処分に手間取る。伐り倒すのは簡単なのだが、枝を落とすとそれがかさ張り、放っておいてもなかなか腐らない。油を多く含んでいるので、伐って燃やすのが手っ取り早い。ただし、都市部では、チッパーマシンなどで砕くしかないだろう。

放置されて周辺に迷惑を及ぼしている竹を伐って竹炭を焼いている森林ボランティア仲間もいる。木炭よりも炭の粉が出ないし、厚みが一定で使いやすいので好評だが、炭焼釜にそのまま入れたのではかさ張っていくらも詰められない。四つに割って、さらに節を取る必要がある。けっこう手間がかかるから、どうしても趣味の域を出ないようだ。

私が考える竹繁殖防止策は、筍のシーズンに伸びすぎたものを放置せずに折ることである。最初は足で蹴っ飛ばせば簡単に折れるし、少し伸びても手で横に倒すとポキッと折れる。さらに成長して人の身長より高くなって、筍というより竹と呼ぶほうがふさわしくなったら、ノコギリで伐る。まだ幹が柔らかいので、小学生でも簡単に伐り倒すことができる。このシーズンに頻繁に竹林に入り、一本も竹にしないことが大事だ。自分の家族だけでは手が足りないなら、地域の方々にお願いすればよい。筍を自由に採ってよいという条件をつければ、ボランティアが集まるだろう。

そういう私も、うっかり筍を見逃して竹に成長するものが毎年一～二本はある。伐り倒

孟宗竹などを材料にした
手づくり門松と当時4歳の長男

してもよいのだが、花入れに加工したり、珍しいお客さんが来られた際に料理の盛り皿として使うと喜ばれるので、一本はそのまま残す場合が多い。

娘が小学生、息子が幼稚園のころ、この孟宗竹とマツの先端やナンテンを使って、高さ一・五メートルほどの門松をひとつだけつくった。ペアで飾るのが本来なのだろうが、つくるのに一日かかる。だから、ひとつだけにしたのだが、近所に門松を飾っていた家はなかった。

栗、ドングリ、木の芽

この雑木林には、直径三〇センチを筆頭に、高さが一五メートルほどの栗の木が一〇本ある。老木から採れるのは親指の爪程度の小さな栗だが、元気な成木からはその三倍ぐらいの実が大量に落ちてくる。多い年はミカン用のダンボール二箱にもなる。

落ちたものは拾わなければ気になる性分で、腰をかがめて、火バサミで一つずつ拾う。イガをそのままにしておくと、次に拾うときに紛らわしいから、燃やして灰にして、畑に入れる。そこで、プラスチックの桶とバケツを用意し、栗はバケツへ、イガは桶に入れる。約二時間は続ける。もちろん、ときどき伸びをしなければ腰が痛い。以前、イガをそのまま畑に埋めて肥料にしようとしたが、半年経っても腐らなかったので、灰にしてから入れることにした。

栽培品種ではないから、店で売っている栗より小さい。栗ご飯にするには小さすぎ、妻は嫌がる。私も甘いご飯は好きではないので、私からつくってくれとは言わない。それでも、子どもが小さいときはつくっていた。

通常は、茹《ゆ》でた後、包丁か歯で二つに割り、スプーンでかき出して食べる。面倒だが、味はよい。数個に一個は、中に虫が入っている。二つに割って虫の跡があると、そこだけスプーンで避ける。気がつかずに腹に入った虫もいるだろうが、茹でてあるし、特別毒でもなかろうから、さほど気にしていない。豊作の年は、一度軽く茹でてから冷凍しておく。一〇月に収穫して正月に食べても、味は落ちていないように思う。筍もこうなればよいのに。

二〇〇二年に園芸店で丹波栗の苗を買ってきて植えた。よく育ち、三年でソフトボールくらいの大きさのイガがなった。さすが園芸種は違うと喜び、それまでの二倍は大きい実を楽しんでいた。ところが、〇七年に根元をカミキリムシか何かに食い荒らされ、ポッキリと折れて、枯れてしまったのだ。人間の手で育成された品種のひ弱さを感じた。もともとあった栗の木は、おそらく三〇年以上経っているのに丈夫だ。

一般に、ドングリの実で食べられるのは、シイの木の実（スダジイ・ツブラジイ（コジイともいう）・マテバシイ）とシリブカガシとされている。この雑木林に落ちるドングリは、コナラ・アラカシ・アベマキだ。なかでも、コナラの実が大量に落ちる。本当に食べられないのだろうかと、フライパンで空煎《い》りして食べてみた。

最初の二粒までは意外に香ばしくて美味かったが、三粒目からは渋味のようなものが口に残る。特別害になるとは思えないが、多くは食べられないことがわかった。それでも、栃の実で栃餅をつくるときのように、つぶして水にさらせば、食べられそうな気がする。将来食べ物に困ったら試してみよう。

コシアブラとタカノツメ（唐辛子とは別物で、れっきとした木だ）は直径約二〇センチ。春の新芽を天ぷらにすると、たいへん美味しい。タラの芽よりも美味しいとは、山菜採りに通じた人の言葉だ。

大きな木の新芽は採れないが、どちらも枝の整理を春にする。私はタカノツメよりコシアブラの芽のほうが好きだ。二〇〇五年に島根県であった二泊三日の中・四国環境教育ミーティングで知り合った松江市の方は、タカノツメのほうが断然美味しいけれど、松江近辺では少ないと言っていた。マツタケが高価なのと同じ理由で、人は手に入りにくいものを尊重する傾向があるようだ。コシアブラもタカノツメも秋には黄葉して、青空との対比がとても美しい。畑仕事の合間に見上げる、私の好きな光景のひとつである。

アベマキ、アオハダ、スギ……

そのほか、大きく育っている木をいくつかあげてみよう。花がきれいとか、椎茸のほだ木に使えるとかの、いわゆる役に立つ種類ばかりではない。しかし、この地で大きくなったのだから、土質や水分、日当たりなどに適合していることになる。宮脇昭先生(横浜国立大学名誉教授)の唱えておられる「潜在自然植生」に近いと思われるので、守っていきたいと思う。

アベマキは栗と同じで、直径約三〇センチ。二叉や三叉に分かれているから、樹齢は栗

アベマキを輪切りにしたコースター

より長いのだろう。樹皮がコルク質で、厚い。かつてビール会社がビール瓶の王冠の内側に張るコルクが戦争などで輸入できなくなることを恐れて、国内各地に植樹したことで有名だ。広島県北部にも、アサヒビールの二一六五ヘクタールもの広大なアベマキの森がある。テレビのコマーシャルでごらんになった方もいるだろう。写真は、その森を訪れたときに記念にもらった、アベマキを輪切りにしたコースターだ。

　アベマキの樹液はクヌギと同じく、カブトムシやクワガタの大好物である。ドングリは砲弾型でなく球形なので、コマをつくると子どもが喜ぶ。ちなみに、アベマキ、栗、クヌギは葉っぱがよく似ているので、植物観察のクイズに使われる。

　アオハダは樹皮が薄く、爪でひっかくと内側の緑色の内皮が見えるので、名づけられたという。直径四〇センチと、あまり見たことのない大きさだ。この雑木林のシンボルだと思っている。

　雑木林の入口には、スギの木が一本ある。五〇年は経っているだろう。何代か前の持ち主が標識代わりに植樹したのかもしれない。ごたぶんにもれず春先に大量の花粉をつけるので、枝先が赤く色づく。強い風が吹くと、霧のように飛び散るのが見える。私は幸いにして花粉症ではない。妻には花粉症の症状が毎年見られたのだが、後で述べるように森の手入れを手伝うようになってからは、症状がほとんどなくなった。自分たちを大切にしてくれる人間には、スギも悪さをしないものとみえる。

ツバキはたくさん自生している。普通のいわゆるヤブツバキである。葉っぱに艶があって美しく、子どもがままごと遊びに使っていた。ただし、チャドクガの幼虫がつきやすいので、その季節には注意しなければならない。

クロキはモチノキに似た常緑樹で、直径二〇センチ。この付近の山には普通にあるから、特別気にしていなかったけれど、広島大学の植物学の先生の話では、三〇キロほど東に行くともう見られなくなるそうだ。そういえば、ある大きな植物図鑑に載っていなくて、不思議に感じたのを思い出した。そういう植生の境界に住んでいるのも、なんだか楽しい。

秋に甘い実をつけるシャシャンボの木を見つけたときは、うれしかった。直径一〇センチ弱だが、この木としては太いほうだ。ただし、残念なことにたくさんある常緑樹のアラカシの陰になっているためか、実がついていないようだ。上のほうにはあるのかもしれないが、手が届かないし、斜面にあるので、脚立《きゃたつ》に登ってまで探す気にはならない。

雑木林で「お山ご飯」

ある程度整備し、畑らしきものができたころから、雑木林で昼食をつくって食べることを始めた。子どもたちは「お山ご飯」と呼んだ。文字どおりの飯盒炊《はんごう》さん。古い飯盒で飯を炊き、鍋で汁物やカレー、すき焼きなどをつくった。

水源はないので、お山ご飯をする日は、家から一八リットル入りのポリタンクに水道水を詰めて、食材といっしょに持っていく必要がある。井戸を掘ることはできるだろうが、それほど頻繁に調理するわけではないし、当初は節約の意味からも、どうしても必要なこと以外にはお金を使わないようにしていた。

おかずの材料は、家で前もって洗い、きざんでおく。調味料は、あらかじめ各種混ぜ合わせる。火を起こすかまどとして、一八リットル入りの灯油缶を手に入れた。その上部を丸く繰り抜き、そこにガスコンロの五徳を置いて、一カ所の側面下方に薪をくべる穴を開ける。燃料の薪は、周囲にいくらでもある枯れた枝や伐採した木だ。初めに新聞紙を丸めて火をつけ、割り箸ぐらいの太さの小枝から順に乗せて、火を大きくしていく。

私が子どものころは、かまどと羽釜(周囲に鍔《つば》のついた釜)で飯を炊いていたので、火の焚きつけには慣れている。ところが、いまどきの小学生はマッチで火をつける経験さえしたことがない。

なんとか発火させても、火が先端の薬剤から軸木に燃え移る前にあわてて手を離すために、すぐに消えてしまう。「三つ数えてから紙に火をつけるんだよ」と教えるのだが、その二秒ほどがなかなか待てない。うまく軸木に火が移っても、マッチ棒を下に向けたままだから、火が上に上ってきて、指が熱くて持っていられない。適当なときにマッチ棒を水平にするところまで教えることが大切である。火遊びを覚えても困るが、一般的な経験としては身につけておくべきだろう。

この簡易かまどで炊飯して、いまさらながら驚くのが薪の火力の強さだ。ものの一〇分ほどで飯が炊ける。もちろん、その後に一五分ほど蒸らす必要はあるけれど。青いガスコンロの火に比べて炎の温度が低いから、火力が弱いと思いがちだ。しかし、炎の大きさ自体が違うので、飯盒全体に熱が伝わるのだろう。信じられない方は、ぜひ一度お試しを。

飯が炊き上がって蒸らしている間におかずの調理をすれば、ちょうどよい。カレーやシチューなどの鍋物は簡単だが、天ぷらも割と手軽にできる。もっとも、油のなかに舞い上がった灰が入るので、油を再利用する奥さん方は嫌がるだろう。

子どもが小学生だったころは、月に一度は「お山ご飯」をしていたような気がする。中学生になったら、パッタリと興味を示さなくなった。近ごろでは、妻に「二人でするか」と言っても、鍋の底についたススを落とすのが面倒なために、なかなかいい顔をしない。鍋底に石鹸を塗っておくと多少は落ちやすいが、後かたづけが面倒なのは間違いない。

妻がパンやケーキづくりが好きなので、今後は石釜をつくろうかと思っている。石釜のつくり方を書いた本を見ると、なかなかたいへんそう。それでも、本格的に耐火レンガを積んでつくることになりそうだ。暇になったら（いつのことやら）やろうと思っている。

有機・無農薬の野菜づくり

近所のおじいさんの話のように、南側の平地はもともと畑だったらしく、石ころはほとんどない。はびこっていた竹と木の根を除去すると、黒々としたよい土のように感じた。ただし、方位が正確には東南向きで、東側も西側も小さな山が迫っているので、とくに午後三時以降の日当たりはよくない。

畑作の方針は当初、有機・無農薬にしていた。とくに農薬については、自分たちの口に入るものだし、当時勤めていた会社の仕事の関係で、いささかの知識もある。絶対に使わないことにした。

農薬の歴史は、改訂の歴史だ。ある農薬がよく効くし、安全性も相対的に高いという理由で広く使われるようになったころ、副作用があることがわかって、別の農薬が安全というふれこみで登場する。しかし、それにも問題があることが発覚し、今度はまた新たな農薬が……という繰り返しのように思う。メーカーはいい加減な考えで製造したわけではないだろうし、その時点で考えられる安全性試験を経て発売に踏み切ったのであろう。けれども、生物に関する研究の発展とともに、新たな毒性のあることがわかってくるのだ。

だから、私は自分の畑では農薬(化学薬品)は使わないことにしている。ただし、農業を生活の糧としている方々は、使わざるをえないケースがあることも理解しているつもりなので、この考えを押しつけるつもりはない。

最初の年に植えた野菜は玉ネギ、ジャガイモ、里イモ、サツマイモである。玉ネギとジャガイモは、うまく育たなかった。

玉ネギは、いまでも大きなものはできない。日照時間が不足しているためだろう。ジャガイモは、肥料分が増えるにつれて収穫できるようになった。毎年三～四キロの種イモを買って栽培している。ジャガイモは、病気予防のために国が種イモの生産を管理していると聞いている。前年のイモが地中に残っていて翌年に芽が出ることが多いから、土中で保存すれば翌年の種イモとして使えるだろうが、私ひとりの勝手で病気を起こしても申しわけないので、毎年購入している。

私の好物である里イモは、なぜか最初の年からよくできた。お月見に里イモを飾る習慣があることからもわかるとおり、日本古来からの食べ物だから、土地に適合しているのだろう。最初の年は種イモを購入した。翌年からは、前年のイモのなかから、形がよくて大きなものを七〇個ほど選んで、籾殻のなかで保管し、種イモとしている。

子どものころに食べていた里イモは、トロッと滑らかだったような気がするが、それは赤芽といわれる種類だったことを思い出した。そこで、JAや種苗店を探しまわって赤芽の種イモを手に入れ、喜び勇んで植えたけれど、うまく育たない。九州とは気候が違うのかもしれない。一度しか試していないので、赤芽の種イモを見かけたら再チャレンジしてみたい。

サツマイモは、痩せた土地でもよくできるといわれる。あまり肥料を入れると、逆に不作となるらしい。日光が必要なので、比較的日当たりのよい場所に植えている。品種はやはり鳴門金時が一番よいようだ。子どものころには、鳴門金時系の赤芋と、唐芋《とういも》と呼ばれた白芋があった。母は柔らかい白芋が好きだったが、私たち子どもが好んだのは、ホクホクした赤芋である。

実家では、採れたサツマイモを土間に掘った室《むろ》に保存していた。古くなると、とくに白芋が傷み、蒸したときに独特の匂いがするようになる。実は、それが果物のライチの匂いとそっくりなのだ。中国・清の西太后の大好物と伝えられるライチが好きな人は、私のまわりにもたくさんいる。そうした方には悪いが、私はどうも苦手だ。食べられないわけではないが、傷んだ白芋を思い出すので、自分から進んでは手を出さない。

現在まで約三〇種類の野菜を試してきて、インゲンやエンドウなどの豆類は、よくできる。ただし、二月ごろに成長が始まるエンドウ豆は、そのままにしておくと、食べ物が少なくなった鳥に葉を食べられてしまう。そのため、味噌などのプラスチック容器をかぶせて防御している。雑草が芽を出す時期になれば、はずしても安心だ。人参や大根など根菜類もまずまず。ナスやピーマンなどの果菜類は、ごく最近になってようやく採れるようになってきた。

葉ものはできることはできるのだが、虫との戦いである。負けるほうが多い。キャベツは、虫食いの穴の面積が残った面積より大きい。被害のひどいときは、有害性の低い防除薬として、炭焼きの煙からつくった木酢液を薄めて使っている。臭いで虫を追い払う作戦なのだが、臭いのきつさほどの効果は出ない。かけないよりはまし程度か。カメムシなどにはまったく効き目がないので、一匹ずつつかまえて取り除いている。

春菊・ニラ・ネギなど匂いの強いものは、害虫がつきにくいので育てやすく、お勧めである。ニガウリ(ゴーヤ)も簡単だ。発芽までに時間がかかるが、あきらめずに待っていると芽を出してくる。失敗したと早合点して土を引っくり返さないことが、肝心だ。

やむを得ず化学肥料も

肥料は、おもに雑木林の落ち葉と草取りをした草だ。深さ二〇センチぐらいのところに、これらをすき込んでいく。土の中で堆肥になるのを待つやり方だ。積み上げて堆肥にしてから入れたほうがよいのはわかっているが、その分だけ畑が狭くなるので、やる気がしない。未熟な肥料が野菜の根に直接ふれるのはよくないから、深いところに入れて、次回掘り返す際に上側に出すようにしている。枯れた枝や竹を燃やした灰も、貴重な肥料である。

以前は鶏糞を購入して、肥料としていた。だが、大量飼育する鶏に病気が発生しないように、抗生物質を恒常的に与えているという。工場で鶏糞を発酵させた後も抗生物質成分が残っている気がして、使うのを止めた。すると、毎年よくできていた大根などもうまく育たなくなる。

二〇〇六年に、地域の農業祭で「あなたの畑の健康診断コーナー」があった。土を持っていくと、水に溶かして状態を測定してくれたが、こう言われた。

「肥料分がほとんどありません。アルカリも強すぎます」

半年ごとに種類を変えながら作物をつくり続けるには、落ち葉と草だけでは肥料分が足りないということだ。アルカリが強いのは、消石灰の入れすぎが原因である。酸性雨の問題が頭にあって、アルカリ分を常に補充しないといけないと思っていたのが裏目に出てしまった。しばらくは消石灰を控えることにする。

そして、肥料分の不足を補うために、化学肥料(窒素・リン酸・カリが一定比率で配合されている)を少し加えた。完全有機栽培ではなくなるが、野菜ができないのではやむをえない。考えてみれば、この肥料は単純な化合物で、抗生物質のように複雑な働きはしない。人体への害は少ないと思える。問題は味への影響だ。一〇〇%堆肥で育った野菜よりは、たぶん味が落ちるだろう。人間の栄養にたとえれば、普通の食事の代わりにビタミン錠剤を飲んでいるようなものだからだ。堆肥の微妙な成分が全体の味に深みを与えるのだろう。

化学肥料を与えだしてから、たしかに野菜の育ちはよくなった。さっぱりだったナスやピーマンなどもしっかりなる。ネギも次々と新芽を伸ばしてくれる。だが、調子に乗って多く入れすぎると、葉ものに苦みが出るようで、とくに舌の敏感な妻と子どもにクレームをつけられる。

生ごみはコンポストで堆肥に

野菜クズや魚のアラなどは、燃えるごみとして出さずに、畑に置いたコンポスト容器に入れて発酵させ、堆肥化している。最初は落ち葉と同様に直接畑に埋めていたが、野良犬が肉や魚の匂いを嗅ぎつけて掘り返すので、コンポスト方式に変更した。三〇センチの深さに埋めたぐらいでは、犬の鼻はごまかされないということだ。

コンポスト容器の購入には、生ごみ削減のために東広島市が補助金を出している。早く堆肥にするには、発酵促進剤を振りかけるとよいらしいが、家の庭に置くのと違って、少々臭っても誰からも苦情のこない畑だから、自然発酵にまかせている。夏場にはウジがわくので、ときどき土を上からばらまく。こうすると発酵が早まり、臭いも早くなくなる。土の中のバクテリアのおかげである。

コンポスト容器は二つ用意してある。二つ目がいっぱいになるころには、一つ目の生ごみは完全に堆肥化されて、土と区別ができないほどになっている。

家から畑のコンポスト容器まで生ごみを運ぶ際は、牛乳の一リットル紙パックを利用する。生ごみを詰めた後、上の縁をホッチキスで四カ所止める。水気があっても漏れないし（よく考えてみれば、牛乳が入っていたのだから当たり前だ）、中味をコンポスト容器に移したあとで踏み潰せば、かさ張らない。

読者が雑木林に畑をつくる場合に、考慮しておいてほしいことがある。私の経験では、樹木の葉から雨のしずくが落ちる場所では野菜が育ちにくい。ヒマラヤスギは自分の周囲にほかの植物が生えるのを嫌って、発芽妨害物質を出すといわれるが、樹木によって程度の差はあっても、そうした機能を備えているのかもしれない。あるいは、単に雨のしずくが土を跳ね上げて、下の野菜の葉に病気が発生しやすいだけかもしれない。いずれにせよ、樹木のない場所ではよく育つのに、しずくの当たる場所では日当たりに差がなくてもうまくいかないのは確かである。

話が脱線するが、この畑にはトイレがない。小のほうは適当に草むらに掛ける。ウンチをしたくなったときは、肥料にもなると思うので、掘った穴の中に落とす。大きな穴を掘るわけではない。スコップで一回土をすくうだけである。穴の大きさに比べて、人間の便はつくづく小さいと毎回思う。大グソが尊いわけでもなんでもないけれど、この程度の量の食べ物でおとなが一日働けるのだ。偉そうにしていても、人間は自然のなかではちっぽけな存在だと気づかされる。水洗トイレでは、決してこんな気持ちにはならない。

柿とビワを育てる

野菜だけでは楽しみが少ないので、柿を育てることを思いつく。家の庭にあった一本の富有《ふゆう》柿の木（後に、やむを得ず伐採した）から二〇〇三年に元気な枝を取り、自然生えした二本の柿に接ぎ木した。接ぎ木自体はうまくいったのだが、まことに残念ながら、いまに至るも実がならない。庭にあった木よりも病害虫に弱いのが原因だろう。まあ、「桃栗三年柿八年」というから、気長に待っている。

ビワも植えてみた。こちらは園芸店から苗を購入した。自然生えでは、食べられる大きさの実がなかなかつかないらしいからだ。ビワは、最低気温がマイナス一〇度になる地域では実がならないという。二年に一回程度そんな冬があるこの場所はちょうどボーダーラインだと思って心配したが、幸い早くから実をつけた（温暖化の「恩恵」か）。

問題はカラスである。実が青いうちから手製の紙袋を掛けているが、半分は食い破られる。使用済みの封筒を使っているので、かなり厚いのだが、効果が薄い。半分も残ることを喜ぶべきなのか。

ログハウスを建てる

かなり後（後述する第二、第三の森を入手してから）の話になるが、この雑木林の一角に六畳ほどのミニログハウスを建てようと考えた。きっかけは、子どもが泊ったりして喜ぶだろうと思ったからである。年を取ると、畑仕事の合間に休憩用のしっかりした場所が必要になるだろうという気持ちもあった。

早速、ログハウスのつくり方の本を買ったりして研究を始めた。じっくり丸太から削り出して組み上げる工法に憧れたが、入手した森の手入れなどほかにやることが多すぎて、これだけにかかわってはいられない。本格派は時間ができたときまで待つことにして、組立キット形式の簡易ログハウスに変更する。

国産のキットもあったし、某自動車メーカー系列のプレハブも販売されていて、内容の割に安かったのだが、家族で検討した結果、選んだのは北欧からの輸入品である。国産より少しだけ高かったが、本格的なログハウスらしく見えるところにこだわった。二階に三畳ほどのロフトがついた、切妻屋根型である。壁は円柱ではなく、角ログと呼ばれ、幅一四センチ、厚さ五センチ。各部材はあらかじめ所定の長さにカットされていて、図面どおりに組んでいけばよい。

　整地は自分でやり、基礎工事はプロに任せた。もともと雑木林なので地盤が柔らかく、素人工事で傾いたら何にもならないと考えたからだ。

　建築場所までは車が入らないので、一〇〇メートル離れた空き地に大型トラックを止めてもらい、ログハウスの木材をつめた二個の大型コンテナを車載クレーンで降ろして、建築場所までは家族総出で運んだ。組み立てよりもこの運搬が最大の重労働で、妻は肩を痛めた。

　組み立ては社会人になっていた長女に一部手伝わせたほかは、ほとんど私がやった。高いところは苦手なほうだったが、そうは言っていられない。やっているうちに、だんだん平気になった。いまでは普通の人より高所に強いかもしれない。

　ログハウスの建築で一番留意しなければならないのは、壁面を構成している木材が年月とともに収縮してくるということだ。乾燥と上に乗っている重量が原因である。ドアや窓枠にその分の余裕を見込んでおかないと、開閉できなくなったり、変形したりしかねない。単純にガッチリ固定して丈夫につくろうとして、どこもここも釘やネジで固定してはいけないのである。

　これらの知識は、初めに買ったログハウスのつくり方の本で学んだ。こういう注意までは組立図面に書かれていない。皆さんが自分でログハウスを建てようとする際は、関連書物で予備学習することをお勧めする。

屋根の下地板までは張ったが、屋根ふき工事はプロに頼んだ。自分でやれそうな気もしたが、勾配が急なので滑り落ちる危険が大きく、妻の意見に従った。結果的に、軒先に雨のしずくがたまらないように鉄板を曲げるなどの素人では気づかない細工もやってくれ、上手にできあがる。依頼して正解だった。最後に木材用の透明ペイントを二度塗って完成（中扉写真）。ゴールデンウイークに組み立てにかかってから、わずか半月後である。

もっとも、畑仕事に忙しくて、このログハウスでゆっくり休んだことなど一度もない。にわか雨に降られて、雨宿りするケースが大半である。水も電気も引いていないので、あらたまって何かやろうとすると不便だけれど、このままにしておくことになりそうだ。

話が飛躍するが、私と同じ団塊の世代は別荘を持つ願望が強いという。どの世代でも、隠れ家というか、ふだんの生活の場とは違うスペースを望む気持ちはあると思う。たまたま団塊の世代が、一億総中流といわれた時代があったように、経済的にまあまあ恵まれていて、お金持ちでなくてもミニセカンドハウスを持てるようになったことから、そう思われているのだろう。

セカンドハウスを持ったとして、たいへんなのはその管理である。日本は西欧と違って夏の湿度が高い。たまにしか使わないと、締め切った期間が長くなって、カビの家になりかねない。ログハウスのように、密閉度が低くて、外気が中途半端に出入りする建物が、もっとも問題らしい。私の場合も、梅雨の時期に三週間ほど畑に行かなかったら、開けたときにカビの臭いがした。だから、いまでは、畑仕事に行ったら、用がなくても扉と窓は開けている。

また、畑仕事の後でログハウスの扉を閉めて帰る際には、約五センチに折った蚊取り線香に火をつけて、置いておく。ハチが巣をつくると困るからである。蚊取り線香の臭いが室内に付着して、虫が侵入するのを防いでくれるらしい。次に行ったときに床にクモや山アリの死骸が見られるので、五センチ分の煙でもけっこう効果があるわけだ。もちろん、火事にならないように注意はしている。

筍はこのログハウスにとっても問題である。床下に生えたのに気づくのが遅れると、床板が持ち上げられる。成長が速いので、筍シーズンには三日に一度は見にいかなければならない。いままで床下に頭を出したのは三本。幸い、床板に届く前に竹槍で突き折り、問題は発生していない。

第2章

理想の山林を求めて試行錯誤

遊び心をそそる第三の森

家の近くに二番目の土地を購入

雑木林のある暮らしの魅力を知ってしまった私は、もっとスケールの大きな土地が欲しくなった。最初の土地が思いのほか安く購入できたことも、意を強くした。しかし、自分だけの力で探す限界を感じて知人にも紹介を頼んでおいたものの、家に近いところでの売り物はなかなか見つからない。

雑木林の開墾が終わり、野菜がなんとかつくれるようになった一九八七年に、農業団体の人から紹介されて二番目の土地を買った。家から自転車で一五分ぐらいで行けるところにあり、ほぼ平坦で、面積は五七〇坪(〇・二一ヘクタール弱)。日当たりがよく、大きくは育っていない木々を整理すれば、畑にも果樹園にもできそうだった。このような条件の土地はなかなか売りに出ないと思い、坪あたりの単価も最初の雑木林とほぼ同じだったので購入したが、いまとなっては、この買い物は失敗だったと思っている。

この土地のすぐ近くには、家庭菜園用として業者が分譲した区画がいくつかある。購入して畑にしている人が作業していたので話をしてみると、イノシシが出るほか、作物を盗む人がいるらしい。私もこの土地を開墾するための道具をしまっておくために建てた小さなスチール製倉庫の鍵をこじ開けられて、スコップやツルハシを盗まれた。周囲に人目のない場所は、日本といえども不用心である。

さらに、開墾を始めたところ、約二〇センチ下のほうから握りこぶし大の石がごろごろ出てきた。購入を決める際に棒きれで土をほじくって土質を確認したのだが、きちんとスコップで掘って調べるべきだった。力仕事と単純作業は嫌いではないので三カ月間ぐらいは続けていたが、サラリーマンの仕事が忙しくなってきたのと、最初に買った雑木林に開いた畑での農作業の時間も増えてきて、この土地に手をかけられなくなる。栗の木を数本植えて、終わりにした。

もっとも、場所としては悪くない。すぐ近くに池があり、ハヤなどが釣れる。墓地公園にしたらよいだろうと思うときもある。まわりに人家が建って安全性が高まれば、掘っ立て小屋を建てて遊びとしての畑仕事、たとえば花づくりなどが楽しめるようになるだろう。近くの家庭菜園用分譲地に比べればかなり安い価格だったので、まあ勉強になったと思って、いまは納得している。

人工林には食指が動かない

この失敗があってから、しばらくは平穏な日々を過ごしていたが、六年経ったころ、勤務先の社員が広島県北部に所有する山林を売りたがっていることを人づてに知った。ただし、家から車で一時間以上かかる。

とりあえず、売り主と待ち合わせをして現地を案内してもらった。直径三〇センチぐらいのヒノキを主体にした人工林だ。手入れが十分でなく、ヤブをかき分けながら進むような感じで、林の中は暗かった。広さは二ヘクタール（約六〇〇〇坪）程度だったと思う。斜面がきつく、子どもが歩くのは危ないと感じた。

結論として、こちらが望んでいるような、いろいろな落葉樹や照葉樹・針葉樹が交じり合った雑木林ではないので、お断りした。国産材の値下がりで、林業として見通しが立たないので売りに出したのだろう。

コケむした幽玄な森を購入

それから二年、次の情報が入った。私としてはあまり期待せずに話をもっていった人からだ。家からは遠い。前に断った人工林ほどではないが、隣の三原市にあり、車で四五分かかる。面積一・二ヘクタール(約三六〇〇坪)の本格的な山林だ。ただし、自然林に近く、森といったほうがよい。標高差八〇メートル、傾斜は平均で二四度と、かなりの急斜面で、北向きである。

植物を育てるには南向きがよいと考えがちだ。けれども、林業をやるうえでは、北向きが年間を通じて日照量に大きな差がなく、成長は遅くても年輪のつまった良質の木材が生産できると聞いたことがある。現に、この森の隣は立派なヒノキ林になっている。

私は林業をしたいわけではないし、冬でも暖かい南斜面のほうがいいなと思いつつ、結局は買うことにした。決め手になったのは、それまで持っていた雑木林よりかなり広いということもあるが、遊び心をくすぐるものが多かったからだ。

道路との境界に水が流れており、小さいながらも滝がある。小川の縁は自然石で囲まれていて、適当な石を組み合わせてダムのようにすれば、子どもが夏に水遊びをするプール

ナツハゼ

のようなものもつくれそうだった。その少し奥はきれいなコケがびっしり生えており、幽玄な感じがする。映画の『もののけ姫』に出てくる森のイメージである。

頂上まで登ってみると、かなり遠くまで見渡せて、山の中にいる感じがする。しかも、タムシバ、リョウブ、ウリカエデなどの落葉広葉樹、アセビ、ヒサカキ、ソヨゴなどの常緑広葉樹、アカマツやネズミサシなどの針葉樹のバランスがとれていて、遊ぶにはちょうどよい。ナツハゼなど食べられる実のなる木も多い。

年をとって体力が衰えたらしんどいかもしれないが、それまでにはまだ何十年もあることだし、思い切って買った。一九九五年八月である。いささかお金がたまっていたことも、決断を促した。

登記が終わってから、ざっと歩いてみる。北向きで冬季の日当たりが悪いせいだと思うが、ヤブにはなっていない。枯れた木や枝を取り除けば、楽に歩き回ることができる。これまでの二カ所の雑木林は低地だったので、生えている植物がかなり違う。常緑樹よりは落葉樹のほうがやや多い。だから、けっこう明るい。中腹には大岩が鎮座している。

手入れは頂上から

隣地との境界に沿って直登する道を整備して、頂上部分から手入れを始めた。頂上は見晴らしがよいだけに、風がもろに吹きつける場所でもある。中腹の樹木と比べると、背丈の低いものが多い。二年ほどかけて、傾斜のゆるい頂上部の手入れを終えた。

何十回も上り下りした直登ルートは、はっきりとした道になっている。しかし、大雨のときにこのルートに沿って雨水が流れることに気がついた。いつも通るから、表面の枯れ葉や腐葉土がはがされてしまうのだ。このままでは表土が流されると思い、この道を通るのは止めた。代わりに、ジグザグの登山道を新たにつくることにする。

山鍬を使って、傾斜のゆるいところを削り、平らにしていく。山鍬は木の根や小石の多い山仕事用で、普通の鍬と比べて鉄の厚さは二倍、逆に幅は半分ぐらいである。富士山の登山ルートのように、右左に振れながら木々のあいだを縫って上がるので、道の長さは直登の二倍以上になる。簡単な仕事ではなかったが、斜面は予想よりスムーズに削れた。

山の中の地面は木々の根が絡み合っていることを最初に買った雑木林の開墾で思い知ら

されていたが、ここの斜面は素性がいいというか、浅いところには大きな根が少ない。ノコギリと剪定バサミで根を切りながら進む場面は、あまりなかった。このジグザグ道なら七〇歳になっても登れるだろう。

下を流れる小川には、夏にはホタルが飛ぶのではないかと期待している。とはいえ、人家から二キロ以上離れているので、熊が出て来たら怖いと思って、夜に出かける気はしない。

実際には、熊は一度も見たことはないが、鹿は角の立派な大きな雄を見た。道路際に車を停めて登る準備を始めようとしたときに、道の先のほうからゆっくりと現れたのだ。こちらを見ても特別驚いた様子もなく、悠然と来たほうへ去っていった。

現在は次に購入した第四の森のほうに関心が移ったために、この第三の森の手入れは休止状態である。もっとも、中の様子を見るために、各季節ごとに訪れている。私にとってこの森での癒《い》やしのポイントは、下の小川の流れと周辺のコケむした景色、そして頂上からのながめである。

第3章

広い森を手入れする日々

イスの木と名づけたソヨゴ

2本のヒサカキがくっつき1本に

道に迷うほどの森を入手

「はじめに」に書いたように、いま私が一番気に入っているのが一九九七年に入手した四番目の森だ。家から車で三〇分かかるが、東広島市内にあり深い森の風格をもつ。形は長方形に近い。南北八〇メートル、東西五五〇メートルあり、細長い丘の南半分に当たる。測ったことはないが、低いところと高いところの差は二〇メートルぐらいだろう。

西端に近い場所を県道が通り抜けている。三番目の森は、車が通れる道はあるものの、舗装されていない。雨の後は道に車のわだちができて、車高が低いと床をこすることもある。それに比べて、この道路は三メートル幅で舗装され、車を停めるスペースもある。

購入するにあたって、前の持ち主(グループ)に境界を案内してもらったが、内側は相当荒れていて、まともに入れる状態ではなかった。ヤブをかき分けて入ると、帰り道がわからなくなりそうな感じである。事実、案内人も途中で迷ってしまったほどだ。彼らから聞いた、この土地を売る気になったいきさつは、次のとおりである(私の勝手な推測もいくらか入っていると思うが)。

さかのぼること三〇年前、近くに住む若者六人が、林業の振興を夢見てグループでこの土地を買った。そのころは木材が不足していて、植林が国策として推奨されていた時代だし、田舎に住む若者がその気になったのも当然だろう。全体の二五％にあたる西側の保安林＊のある部分を除いて皆伐し（全部の木を伐り倒すこと）、ヒノキを植林した。ところが、ウサギなどに苗を食い荒らされて全滅に近いありさまになり、育てることを断念したらしい。

つまり、三〇年前に大半の木を伐り払い、植林はしたものの、失敗してそのまま放置していたわけだ。したがって、この地方に特有のアカマツやコバノミツバツツジ、ソヨゴなどの樹木が勝手に生い繁った状態になっている。これを林学用語で「二次林」という。

以来三〇年の月日が流れ、かつての好青年たちも老境を迎えるころとなる。このまま複数人の共同所有にしておくと、メンバーの誰かが亡くなるたびに遺産相続の問題が生じるので、買いたい人が現れれば売るつもりになっていたらしい。そこへ私のことが伝わって売買が成立したのだが、これは私にとっても幸運であった。

広島近辺の情報なので全国的な傾向とまで断定はできないが、いわゆる山林地主の一人あたり所有面積が小さくなっているそうだ。長子相続から、子どもに均等に分割相続する時代に変わったため、山林が細切れにされ、近年では四・四ヘクタールものまとまった面積があるのは珍しいという（もっとも、広島県内でも、島根県に近い中国山地の奥は別かもしれないが)。

林野庁発行の『森林・林業白書』によると、山林地主といっても、数百ヘクタールの大地主から、地目は山林でも庭程度の「地主」までいろいろだが、大半は一ヘクタール未満である。五ヘクタール以上所有する地主は約一〇%にすぎない。そうなると、私は四カ所合わせて六ヘクタール持っているので、なんと日本の山林地主の上位一〇%に入ることになる。ただし、これは面積での話である。金額では、サラリーマンが買える程度だからたいしたことはない。資産としての値打ちなどないに等しい。

＊保安林とは、森林の公益的機能を保持するため伐採等に制限が設けられている林で、土砂流出防備保安林(山地の表面侵食による土砂の流出を防止する)、魚つき保安林(魚類の生息と繁殖を助ける)、保健保安林(公衆の保健・休養に資する)など一七種類がある。日本の森林面積の約四〇%がなんらかの保安林に指定され、固定資産税が免除されている。ちなみに、私のこの森は水源かん養保安林(水資源を確保する)だ。

初めに境界の整備から

契約がすむと、一刻も早く手入れを始めたい。夏の暑い盛りであったが、休日ごとに通った。初めに境界の標識杭に沿って通路を整備する。もともとけもの道程度はあったので、両脇(といっても他人の土地の木はあまり伐れない)の枝を落として、楽に通れるようにしていく。

境界整備は、前の持ち主グループからもらった測量図と標識杭を照らし合わせながら進めた。ここで役立ったのが、オリエンテーリングの知識だ。

オリエンテーリングとは、一般的には宝探しゲームのようなもので、主催者からもらった地図に印のある十数カ所の地点(チェックポイント)をコンパス(磁石)を頼りに探しあて、その早さを競う。私は三〇代なかばからランニングも始めていて、どのコースをたどれば早くチェックポイントにたどりつくかを素早く判断する知力と、野山をかけめぐる体力の両方が必要なこのスポーツにも、すぐに飛びついた。小さな大会で、一度だけ一位になったことがある。

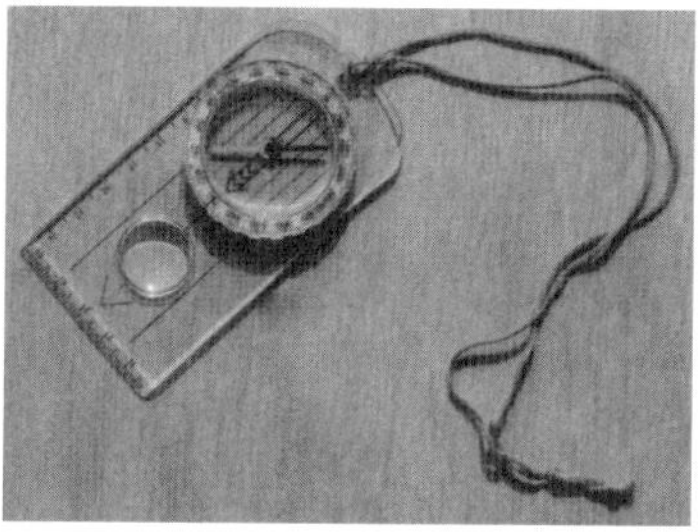
便利なシルバコンパス

地図を読み、進む方向と目標物の角度を正確に測定するには、コンパスの使い方に習熟しなければならない。この技術が、境界を示す標識杭を見つけ出すのに大いに役立ったのだ。スウェーデン製のシルバコンパスで方位を確認しながら、三メートルの長さに切った棒で距離を測っていくと、ほとんどのポイントで誤差がなかった。

ただし、この測量図の作成者は、磁石の北と地図の北が異なることを知らなかったようだ。広島県では、磁石のN極は地図の北よりも六度ほど左側、つまり西を指す。これは、北極点と地球のN極がずれているために起こる現象である。

法務局測量の公図(土地の境界や建物の位置を確定するための地図)と突き合わせてみて、グループからもらった地図が六度ほど傾いていることから確認できた。最初の日は標識杭が少しずれた位置にあるのが気になっていたが、すべてのポイントが同じようにずれているので、ひょっとしてと思い調べてみたら、案の定だった。

この森の周囲の長さは、図面上では約一・五キロある。途中にいくつもの尾根や谷があるので、普通に歩いて一時間弱。クロスカントリーができそうな感じだ。この境界を三カ月あまりで整備し終えた。ひとりで弁当を持って朝八時前に家を出て、午後三時ごろまで作業する。森の中は両側に背の高い樹木が繁っているので、夕方になると傾いた太陽の光が葉にさえぎられて、急速に暗くなる。

作業のスタイルは、上からヘルメット、安全メガネ、首にタオル、長袖長ズボン、革製の安全長靴、腰に護身用のナタ、動物除けの鈴、蚊取り線香、手には革の手袋。道具はノコギリと剪定バサミ(図6)。

ヘルメットには、頂上部に数個の空気抜きの穴を開けた。夏場は暑くて髪が蒸れる。労働安全衛生法違反になるので、会社ではこんなことはできなかったが、自己責任なのでかまわない。荒れた森の木々は五本に一本は枯れていて、それらが絡み合って枝に引っ掛かっているので、ゆすると落ちてくる。ヘルメットは必需品である。

安全メガネは枝の跳ね返りや虫から目を守るため。革の安全長靴はもちろん蛇対策。石やトゲから足首を保護する役目もある。布製では三カ月ももたないだろう。

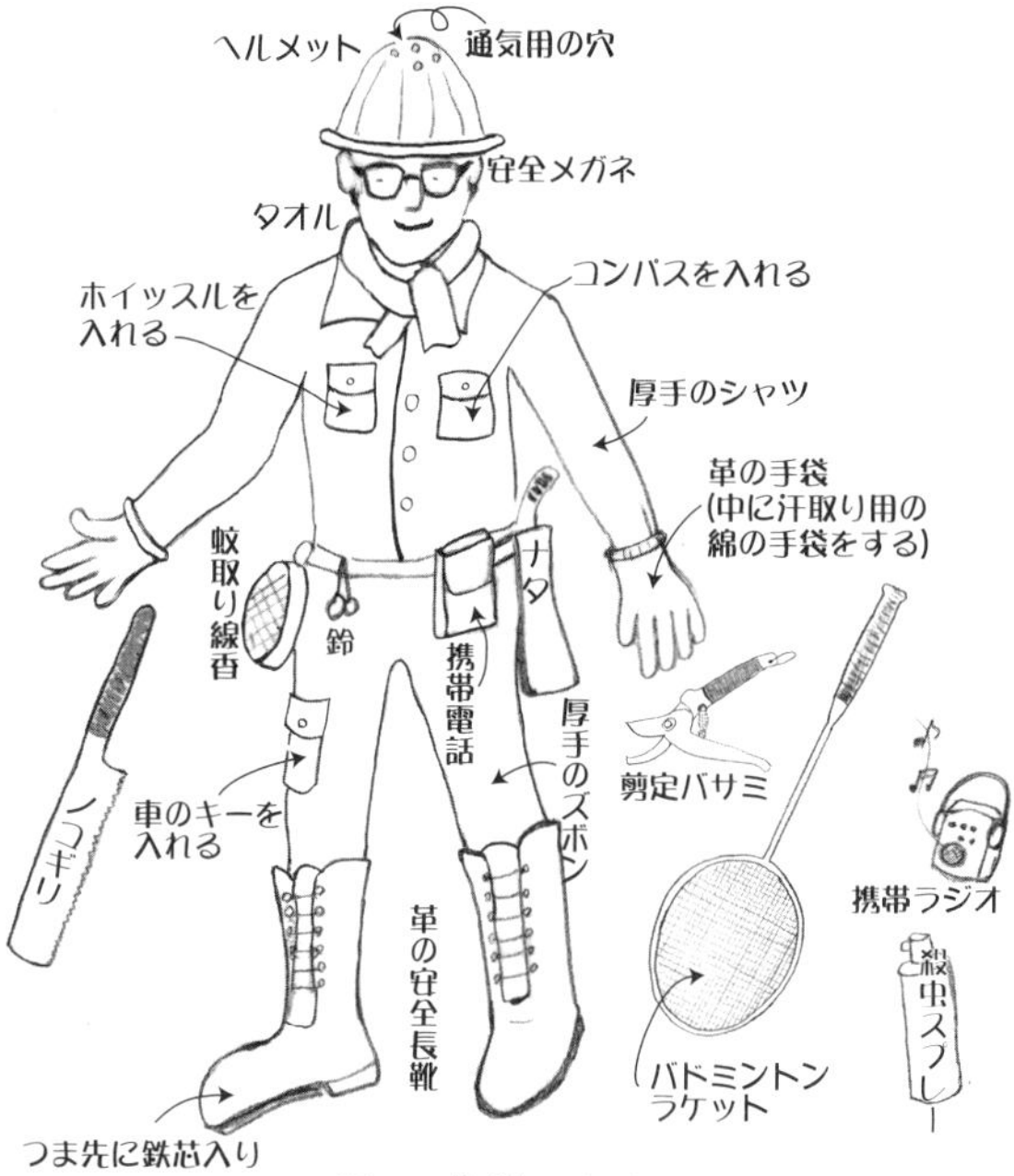

図６　作業スタイル

ハチ対策は入念に

地面を掘り返した跡があるの

で、イノシシがいることは間違いない。熊は見たことはないが、隣の山林には「月の輪熊に注意」の札が掛かっている。大事をとってナタと鈴は身につけた。緊急用にホイッスルもポケットに入れ、用心深い熊やイノシシに人間がいることを教えるために、作業中はラジオをずっとかけている。

山仕事でもっとも怖いものはハチだ。蛇や熊と違って、人が近づいても逃げない。むしろ、逆に襲ってくる。

一般には、怖いハチといえばスズメバチを思い浮かべるだろうが、森にいるのはオオスズメバチである。普通のスズメバチの倍ぐらいの大きさがある。スズメバチが民家の近くの木や家の軒先などに壺形の巣をつくるのに対して、オオスズメバチは森の地面の下に大きな巣をつくる。巣が見えないので、ハチの羽音に注意を怠ってはならない。ハチに襲われないための注意は、次の四つだ。

①黒い衣類は身につけない。ハチは黒いものを襲う。テレビ番組の実験を見た方も多いのではないだろうか。理由は、ハチの巣を好物とする熊に対応する能力が備わってきたためという説が有力である。頭には白っぽい帽子をかぶって、髪を隠す。

②化粧品など匂いのするものは、なるべく身につけない。ハチが花の蜜と勘違いするからである。

③急に大きな音をたてたり、棒でヤブをつついたりして、驚かさない。
④周囲をハチが飛びはじめたら、からだを低くして静かに引き返す。決して手で払ったりしてはいけない。ある本には、横に払うのがもっとも悪いと書いてあった。とくに、ハチが口を「カチカチ」と鳴らしはじめたら緊急警告なので、すみやかにその場を離れる。

また、作業中には、ハチ用殺虫スプレー、バドミントンのラケット、吸引器(レスキュー・スネークバイト・キット)を側に置いている。

殺虫スプレーは、アシナガバチなどの巣を木の枝に見つけたときに使う。ただし、オオスズメバチの巣に噴射するのは危険きわまりないので、絶対にやらないこと。数百匹のオオスズメバチに襲われたら、ひとたまりもない。一匹に刺されただけで命を落とす人がいるのだ。

バドミントンのラケットは、しつこいハチを叩き落とすため。木の枝などでは叩くスピードが遅いし、隙間が多い。失敗したら怖いので、必殺の心づもりで。これまでに五回ほど実行した。落ちたハチは気を失っているだけなので、すぐに踏み潰す。落ち葉の中でもハチの黄色は目立つが、見失ってあたり一面踏みつけたこともある。

吸引器(図7)は注射器の逆で、刺されたときに毒液を吸い出すのに用いる。毒蛇に噛ま

指を離すと、内蔵バネで吸い出す方向に動く
肌にあてて毒液を吸い出す

図7　レスキュー・スネークバイト・キット(ドイツ製)

れたときにも使える。プラスチックの容器に入れ、中には傷口を切開するメスや消毒用アルコールも入っている。最近は国産の安い製品があるが、私が買った当時はドイツ製しかなかった。幸い、まだ使った経験はない。

腰には蚊取り線香をぶら下げている。これはブヨなど汗の匂いで集まってくる不快性の虫を避けるためだが、ハチにも効果がある気がする。煙を出していると寄ってくる回数が少ないだけでなく、すぐに離れてくれるようだ。

もうひとつ、森の中に一人で入るのに大切なものがある。携帯電話だ。大きなケガをしたときに、助けを呼ばなくてはならない。

目的は緊急連絡用だから、現地で通じなければ意味がない。ドコモとａｕの通話可能域の地図を比べてみると、私の森ではａｕのほうが通じそうだったので、ａｕを第一候補にした。もっとも、販売店の地図だけでは、山あり谷ありの山中で本当に通じるのか疑わしい。念のため、「アンテナが何本立つか確認するだけで、通話はしないから」と約束し、ロックをかけてもらったうえで、会社の知人からａｕの携帯電話を借りて試してみた。結

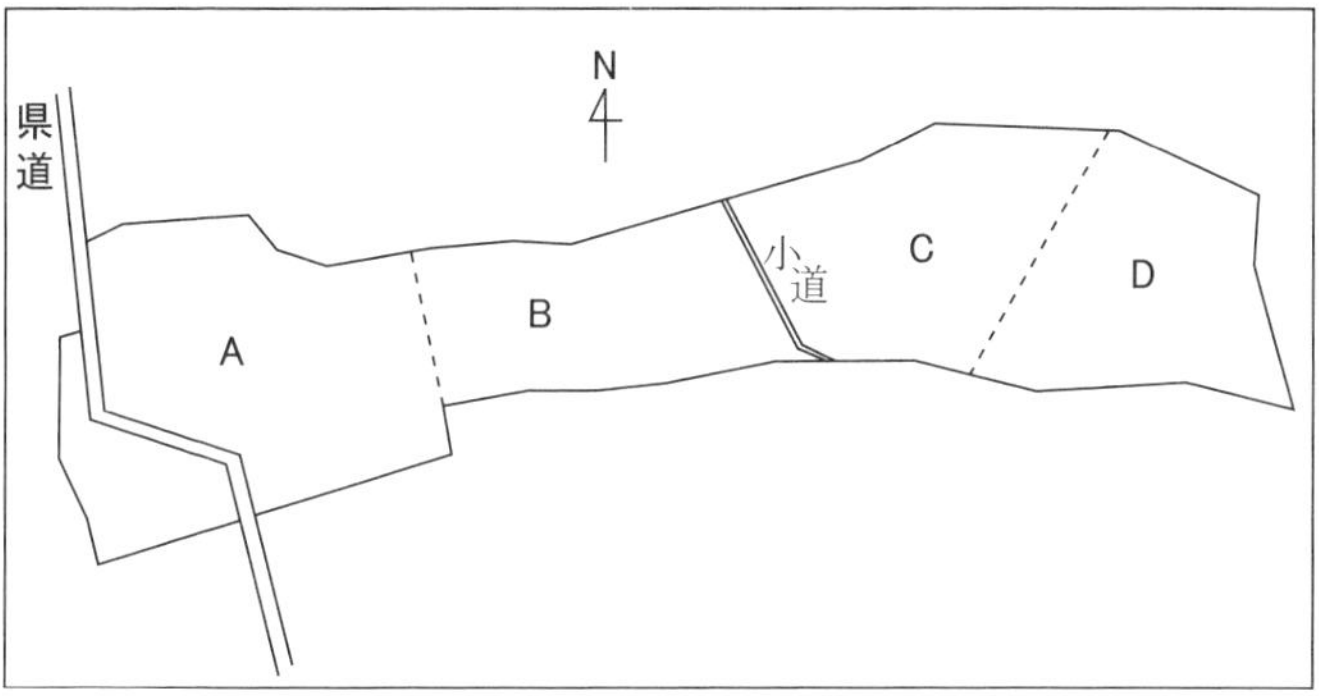

図8　第四の森の区分

果は、三番目の森も四番目の森も最高感度の三本アンテナ状態であった。

いよいよ本格整備の開始

境界の整備が終わり、内側の手入れを始めるにあたっては、どこから手をつけるか、よく考えた。この土地は東西方向に大きく四等分できる。西から東に、A・B・C・Dゾーンとした（図8）。

西端のAゾーンの一部は保安林で、三〇年前にも伐られていないから（六一ページ参照）、大きな木が多く、種類も豊富だろうと推定できる。私としてはもっとも関心のあるエリアだ。しかし、ここを最初にやって、実際にはたいしたことなかった場合、残りのエリアをやる気力が萎《な》える心配がある。そこで、「お楽しみは最後に」ということにした。それに、このエリアは駐車場から近いので、老人になってもぼつぼつ手入れできるだろうと考えた。

この森のほぼ中央、BゾーンとCゾーンの間に、北の境界と南の境界をつなぐ幅一メートルぐらいの小道が通っている。その東側のCゾーンが南から北にゆるやかな上り斜面になっているので、整備しやすいだろうと考えて、ここを開始地点に選んだ。

磁石を見ながら五メートル幅で、南から北に向かって手入れしていく。そして、北の境界まで終わったらふたたび南の境界まで戻り、東隣の五メートル幅について同じことを繰り返す。手入れが進むほどに駐車場から遠くなるが、若くて元気なうちに奥のほうをやってしまおうという考えである。

記念すべき第一日は一九九七年一一月二九日。リュックにシート・弁当・お茶・タオル・予備衣料を詰めて背負い、左手には剪定バサミ・ロープ・救急用品・ラジオ・メモ帳などを入れたバッグ、右手にノコギリを持って森に入る。すでに寒いので、ハチ対策の品物は持っていない。

また、林業関係者なら必ず使うチェーンソーを、私は使わない。研修を受けているので使用はできるが、一人作業であることを考慮した。チェーンソーのケガは深手になりやすいからである。現に、山中でチェーンソーを使っていて、跳ね返りで足を切った友人がいる。幸い近くに奥さんがいて、車で病院に行けたので、大事には至らなかった。

駐車場所から一五分歩いて作業開始地点に到着。バッグからS字ハンガーを取り出して近くの枝に掛け、バッグとリュックを掛ける。これは地面にいる大アリを防ぐためだ。体長が一センチ以上もある。

あらためてこの森の様子を見ると、本当に荒れている。コツコツと少しずつでも作業するのは嫌いでないし、自分でいうのもなんだが根気強いほうだと思うので、続けていくことの不安はなかった。だが、このとき、もし人間の死体があったらどうしようと頭に浮かんだのを覚えている。富士山麓の樹海での自殺者を取り上げたテレビ番組が無意識に作用したのかもしれない。「そうなったら警察に連絡するしかないよな」と思い直して、手入れを開始した。

伐らずに残す木を決める

まずは、枯れて倒れている木をかたづける。長くて太い木は、歩きまわるのに邪魔にならない場所に重ねて置く。短い木は一メートル程度にそろえて、集める。集める場所が離れすぎると歩く距離が増えるので、五メートルおきに置き場所を設けた。立っている木でも、五本に一本は枯れている。かさ張らないように、革手袋をした手で枝を折って重ねて

かたづけた長い倒木を重ねて置く

いった。

次に、生きている木の伐採と枝打ち。伐るか、残して下枝を落とすかを決める判断基準は、周辺の混み具合と、木の種類である。基本的に、傘をさして歩きまわれる間隔にしたいのだが、伐りたくない木が集まっていると原則どおりにはいかない。伐らずに残したい木は、けっこう多い。

①大きな木(種類にもよるが、おおむね直径五センチ以上)

②この森に少ない樹種(特別貴重な種類があれば当然残す。ごく一般的な樹種でも、ここで少なければ、多様な木々が見られる森にしたいから残す)

③きれいな花の咲く樹種……ヤマザクラ、ウワミズザクラ、コバノミツバツツジ、

ホオノキ、ナツツバキ、アセビ、エゴノキ、ネムノキ、フジ、マンサク、マルバアオダモなど(これらは手入れが進むうちにあることがわかったもので、当初は何があるかほとんど知らなかった)

④食べられる実のなる樹種……ナツハゼ、シャシャンボ、ナワシログミ、アケビ、ヤマボウシ、カキなど

⑤よい香りのする樹種……クロモジ、タムシバ、シロダモなど

⑥将来、役に立ちそうな樹種……ヒノキ、スギ、ネズミサシ、アカマツ、コナラなど

⑦斜面が急で、土の保持に必要な木

⑧鳥の巣がかかっている木

⑨面白い形になっている木

このほか、林業関係者なら必ずといっていいほど切断するツル植物を、私は基本的に残している(スギやヒノキに巻きつくと、締めつけて枯らしたり、枯れないまでも表面に巻きついた跡が残って商品価値が下がる)。私の考えでは、ツル植物も森を形成する立派な植物であり、雑草のように扱う必要はないと思っている。また、ツルを使った籠編みなどのクラフトを女性は好む。そのための材料として取っておいてもよいだろう。この森で見かけたツル植物は、フジ、ヤマフジ、マツブサ、アオツヅラフジ、ミツバアケビなどだ。

伐る場合は根元をノコギリで

私はなるべく木を伐らないようにしているのだが、例外として、手入れを続けるうちに積極的に伐るようになったものがある。イヌツゲだ。小さな硬い葉をびっしりとつける常緑樹なので頑固なヤブとなり、自由に歩きまわるわけにいかないし、太陽光がさえぎられるからだ。枝から直角に近い角度で子の枝が出る性質があるので、倒しただけではかさ張ってどうしようもない。剪定バサミで細かく切って、積み上げている。ただし、生命力が強くて、切り株からすぐに芽を伸ばす。数年後にはまた伐る羽目になるだろう。

木を伐る場合には、地面スレスレの根元部分をノコギリで水平に伐る。森林ボランティアなどで伐り開く作業をするときは、能率を上げるためにナタを使う人が多い。だが、ナタでは斜めに刃を当てないと伐り倒せないので、地面から二〇センチぐらいの高さに尖った切り株が残ってしまう。つまずいて転んだときに大ケガをしかねない。将来、子どもや孫が立ち入る場合に備えて、このやり方にした。

枝は、おとなの頭の高さまでは、なるべく落とすようにしている。歩きやすくするためと、地面に光を入れるためである。実際、手入れするまでは、まったく光が届いていない状態だった。ある程度は下草が生えるようにしないと、大雨のときに土が流れてしまう。

植物とネジで異なる巻き方の呼び方

ツル植物の巻きつく方向については、面白い話がある。右巻き、左巻きの定義がネジの場合とは異なっているのだ（図9）。大半の植物図鑑では、フジが右巻き、ヤマフジは左巻きと説明されているが、この巻き方は私のような工学系の職業人からすると逆である。ネ

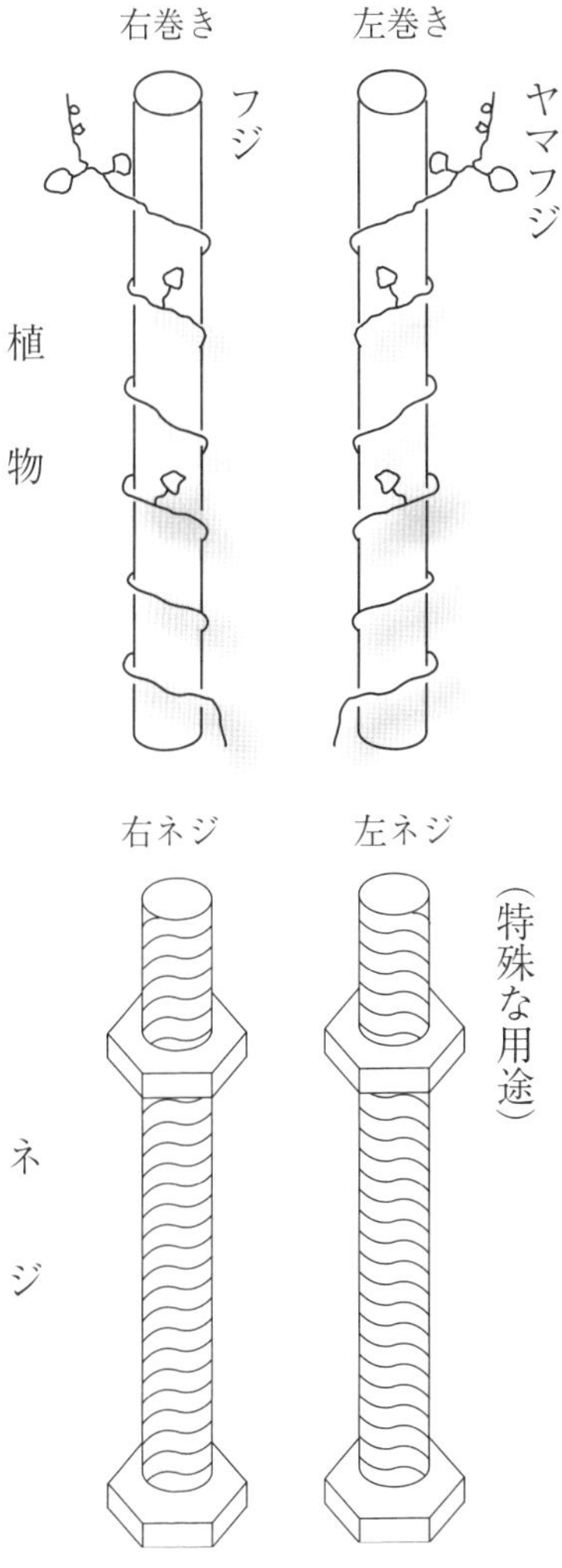

図9　植物の巻きつく方向とネジを回す方向

ジの世界では、右に回したときにネジが進んでいくようになっている。これを右ネジという。図9のようにネジを横から見るとネジの溝が左下から右上に平行に並んでいる（ごくまれに、特殊な用途に用いるネジには逆の場合がある）。これは世界共通だ。

ところが、植物の世界ではどういうわけか逆である。私が植物の勉強を始めたころは、常識とは逆と覚えていたが、どうも混乱する。そこで、ツルが巻きつきながら上に登っていく方向を、建物の螺旋《らせん》階段を上がっていくのにたとえて、覚えるようにした。中心の柱が常に右手の側にあって、右方向に曲がりながら進むのが右巻き、中心の柱が常に左手の側にあって、左方向に曲がりながら進むのが左巻きである。

すべての図鑑が工学系と逆になっているのなら、植物の世界はこうなんだと思えばすむ。だが、ややこしいことに、工学系の呼び方に合わせた図鑑もあるらしい。図鑑ごとにどちら方式かを記載してもらわないと困る。関係出版社にお願いしたい。

空を覆う壮観なホオノキ

手入れ開始地点から二〇メートルほど進んだところに、縦横一メートル、高さ八〇センチ程度の大きな石がポツンとあるのを見つけた。それまでこの森では大きな石を見ること

弁当岩と名づけた大きな（？）石

はなかったので、単純に喜び、弁当岩と名づけて、何度かこの上に座って弁当を食べた。

もっとも、三年後には、これよりはるかに大きな、自動車ぐらいの岩がごろごろある場所にたどり着く。それでも、最初の感激を大事にしようと思い、いまも弁当岩と呼んでいる。

弁当岩からさらに北へ二〇メートル進んだところでは、大きなホオノキを見つけた。八本の幹が周囲に張り出し、植物用語で「株立ち」といわれる状態である。もとの木を根元に近い位置で切断した後に、新しい芽がいくつも出て、それぞれが成長して幹を形成しているのだ。株立ちは、椎茸のほだ木にするためにコナラやクヌギを伐

ホオノキの幹にある「目」

り倒した跡によく見られる現象で、里山の証拠といってもよい。

このホオノキの幹は、それぞれ直径二〇センチ以上ある。全体の枝葉は二〇メートル四方にも広がって、空を覆っている。下から見た姿は壮観だ。「この森を買ってよかった」と、見つけた瞬間に思った。ちなみに、ホオノキはこれ以後も見つかっているが、この大きさを超えるものはまだない。ホオノキの白い花は日本では最大とされるほど大きいが、葉の上に咲くので、下からは眺められず、なんとも悔しい。

ある幹には、およそ八センチの、人の目のような模様がある。私は信心深いわけではないが、ここを通るときにはいつも幹に触って、「来たよ」と挨拶してから作業にかかっていた。

ホオノキの葉は大きくて香りがよいので、大むかしから食べ物を包むのに用いられてきた。現在でも、蒸して重箱に敷き、赤飯を盛ったりする。葉の表に食用油を引いて味噌を乗せ、フライパンなどの上で加熱すれば、香りが味噌に移って、いわゆる朴葉《ほおば》味噌となる。これは、酒の肴《さかな》によく合う。

途中で曲がったコシアブラ

面白い形の木

株立ちは、幹を伐られた樹木の反応のひとつである。たくさんの木を順に手入れしていく途中には、いろいろ面白い現象が見られた。

根元から約五〇センチのところで急に真横に曲がり、徐々に上に向かって伸びている木がある。直

幹の上部が合体したソヨゴ

径二〇センチのコシアブラだ。おそらく、上から倒木がのしかかって、直角に折れ曲がったものの、枯れずに治癒して、成長したのだろう。仕事上のトラブルなど困難な状況に遭うと、そこであきらめて投げ出してしまう人間に見せてやりたい木である。

太さは直径八センチと細いが、二ヵ所でほぼ直角に曲がったソヨゴもあった。小さい子どもが見ると喜ぶにちがいない。その形からイスの木と名づけた(中扉写真)。

分岐した幹が上の枝でまたくっつくケースが、ヒサカキ(中扉写真)やソヨゴやコバノミツバツツジでは多く見られる。接触して、風でこすれ合ううちに樹皮がむけ、無風状態のあいだに細胞が融合して一体化したのであろう。

幹の途中が膨らんだソヨゴ。直径は約 20 cm

同じ木の枝同士なら理解しやすいが、同種の別個体でも融合しているケースもあるのが興味深い。どちらの根から養分をもらっているのだろうか。違う種類の木が一体になったのは、まだ見ていない。見つかるといいな。

また、幹の途中が直径の二〜三倍の球形に膨らんでいるアカマツやソヨゴがある。植物に寄生するウイルスの仕業だ。その木にとっては迷惑だし、ほかの木に伝染する危険もあるが、自然の一形態だと思って、そのままにしてある。

タカノツメの葉も面白い。タカノツメは、三枚の小葉で一枚の葉を形成する(「三出複葉」という)。そして、高さ一〇センチ程度の幼木の状態では、たまに次ページの写真のように三枚の小葉がくっついた状態になることがある。ヒイラギやクロキなどは、若木では葉の縁にギザ

タカノツメの成長した葉

タカノツメの幼木の葉

ギザ（「鋸歯」という）があるが、老木になると人間と同じように角が取れてギザギザのない葉に変わる場合がある。しかし、タカノツメのようにここまで変化するのは不思議だ。

　また、森の手入れをしながら、木の特性に気づかされることは多い。たとえば、アカマツは枯れると腐りやすい。かなり太い幹でも、中ほどからポッキリ折れているのをよく見かける。枯れたアカマツを伐り倒すときには、とくに注意しなければならない。一方、同じ針葉樹でも、ネズミサシはアカマツやスギと違って、枯れても腐りにくい。枯れた枝が出たままにしておくと危ないので、伐るのだが、ノコギリの刃が痛みそうなほど硬い。

　ヤマザクラは、ほかの木の陰になって日が当たらなくなると、すぐ枯れるようだ。ただし、幹の中は腐っても、樹皮は丈夫でいつまでも残っている。サクラの樹皮を巻いた茶筒などの工芸品は有名で、先人の知恵に感心する。

コバノミツバツツジはノコギリで伐ると硬いけれど、手では簡単に折ることができる。ソヨゴは雌の木のほうが折れやすい。逆にガマズミは折れにくいので、杖にするとよい。

広島県森林インストラクターに

ここまで読んでこられた方は、私がもともと植物に興味がある人間だろうと思われたかもしれない。ところが、四番目の土地を入手したころまでの私は、環境としての森や樹木に関心はあっても、個々の樹木の名前や特徴には、まったくといっていいほど関心がなかったのだ。

中学生のころから生物の授業は嫌いだった。花や昆虫の名前など暗記することばかりで、「この花ではメシベ・オシベはこうなっているのだから、余計なことは言わずに、そのまま受け入れろ」的なところが好きになれなかった理由だろう。それに比べて数学や物理は美しい。限られた公理から、系統立ってすそ野が広がっているように感じられた。

そんな私の方向を変えさせるきっかけとなったのが、一九九八年夏の広島県の広報紙である。「広島県森林インストラクター養成講座」の受講者募集が載っていた。八～九月の土曜・日曜の一一日間の講習で、費用は約三万五〇〇〇円であった。定員は四〇名だ。森林インストラクターというのは、広島県の要綱によれば、「森林の利用者である都市住民をはじめとする県民を対象にして、森林・林業に対する理解の啓発を図るため、森林・林業に関する正しい知識の普及や、野外教育の指導、及びこれらに係わる情報の提供を行う者」である。

自分の森の手入れをする際に、林業の知識がゼロでは後で悔やむことになりかねないとの思いは常にあったので、早速に応募した。講習会場は、広島県北西部に位置する吉和《よしわ》村（現・廿日市《はつかいち》市）のもみのき森林公園と広島市の広島県緑化センター。森林インストラクターが具体的に何をするのかは、ここでの講義の内容を示すのが一番わかりやすいと思うので、列挙しよう。

森林の生態、森林保育理論と実習、森林立地、森林土壌、森林法規、森林の公益機能、植物・樹木観察方法、野生動物観察方法、森林病害虫、野生キノコの鑑定方法と人工栽培、広島県の森林と林業、野外活動指導法（野外生活指導、野外ゲーム指導、キャンプファイア指導を含む）、安全指導・応急手当法。

講習終了後には毎日、簡単なテストがあった。眠らずに聞いていればできる問題だ。とはいえ、テスト前の三〇分はまじめに復習した。全日程終了後、県庁で面接（口頭試問）があり、これに合格して、めでたく広島県森林インストラクターになれたというしだいである。

とはいえ、資格は取っても、すぐに一般の人の指導などできるはずもない。いろいろな植物観察会に入会して、少しずつ樹木の名前を覚えていく。インストラクターで構成している会が主催する研修にもほぼ毎回出席して、チェーンソーの実習などを体験した

そういえば、いま手元にある植物図鑑は、ほとんどこの時期に買ったものだ。これさえ買えばすべて載っているという図鑑があればよいのだが、各出版社とも独自性を出そうと工夫しているので、重複している部分がほとんどなのに、ついつい購入してしまう。いろいろな方向から調べようとすると、また系統の違う本を買う羽目になる。

古くても使えるものだからと古書店に行ったが、欲しい本はなかなかない。たまに見つけても、この値段なら新品を買おうとなるケースが多い。みんな大事に持ち続けているということだ。私も、いま持っている図鑑を売ろうとは思わない。

落ち葉プールや森の隠れ家づくり

「少しずつ知識がついたかな」と思うころに、子どもを指導するボランティアに参加した。広島市森林公園が総合学習（小学校が大半）の一環として設けていた、半日コースの自

然体験学習である。広島市近郊から貸切バス数台でやってくる三〇～二〇〇人の子どもたちを、一〇人ぐらいずつにグループ分けし、各グループに森林公園の職員とボランティア二～三人が対応する。

低学年用には、やきいも体験やピザづくり、燻製など楽しいメニューが多く、こちらも試食して楽しんだ。高学年用メニューは、散策路を使ったアドベンチャーや忍者ごっこ、ネイチャーゲーム、森の隠れ家づくり、ドングリなどの木の実や葉っぱを使ったクラフト、クリスマスリースづくりなど、なかなかよく考えられている。子どもたちは森の中を歩きまわり、いろいろな形の葉っぱを探したり、匂いを嗅いだりしながら、クイズ形式で学習を楽しんでいた。

幼稚園や小学校一年生の子どもに食べるもの以外で人気があったのが、落ち葉のプールである。森の中の平坦地に、四メートル四方に高さ約七〇センチの囲いをつくり、深さ五〇センチぐらいになるまで大量の落ち葉を入れる。子どもたちは大喜びして頭から落ち葉をかけ合ったり、本当のプールのように飛び込んだりして遊ぶ。

仕掛けは単純で、成果も大きいが、準備はたいへんである。子どもが踏んづけても簡単にポシャンとならないだけの量の落ち葉を集めなければならない。必然的に、落ち葉がたくさんたまっている場所を選ぶが、それでもかなり遠くからもかき集めることになる。子どもの遊ぶ時間の何倍もの準備時間を要する。

落ち葉にはたくさんの虫やダニがいるので、潔癖な親は眉をひそめるかもしれない。主催者が事前に子どものアレルギーなどの有無を確認していたかどうかは知らないが、むかしの子どもたちは、このような自然のなかでたくましく育っていったのだから、基本的には間違った教育ではないと思う。

小学校高学年に人気があったのが、森の隠れ家づくりだ。この年代の子どもは、自分たちだけの秘密の基地をつくりたがる。「きょうは森に隠れ家をつくります」と話したとたんに、子どもたちの目が輝くのがわかる。森の木立を利用して二～三メートル四方の囲いをつくり、屋根らしきものも掛けて、小屋風に仕上げるのだ。

柱には生えている木を利用し、あらかじめ伐採した細い木や枝を使って壁の枠にする。すべてわら縄や細ひもでくくりつけて固定する。壁一面に葉のついたままの小枝を結びつけて外から見えないようにして、屋根の枠にも小枝を載せれば、完成である。

だいたい男女合わせて一〇人で一チームにした。子どもたちは、出入り口をドアにしたり、すだれ風にしたり、内部に全員が座れる長いすを設けたりと、いろいろ知恵を働かせる。近接して立っている二本の木を利用して、はしごをつくったらどうかと提案したら、横木を取りつけて四メートルの高さまでつくり上げた。子どもの結んだ縄ではゆるくて危険なので、はしごはおとなが上から縛り直す。見張り台と称して、男の子も女の子も交代で登っていた。

植樹や樹木博士認定のお手伝い

広島市森林公園では毎年、秋に大きな催しがある。そのひとつが、広島県森林インストラクターが中心となって行う「ドングリの里親制度」だ。

クヌギやシリブカガシなどのドングリを来園者自身がポットに植えて自宅に持ち帰り、二年間育てた苗を公共施設などに植樹してもらう試みである。もちろん、自宅に植えてもかまわない。毎年約八〇〇人が参加してくれる。ドングリは頭の先端から根と芽が出るので、横にして土に埋めるように私たちが指導する。

参加者には里親登録証のほか、森林インストラクター特製の温かい蒸しパンを無料でさし上げる。これは、「食べられるドングリ」として知られるマテバシイの実を粉にして小麦粉に混ぜたものだ。ほとんどの参加者はドングリに食べられる種類があることを知らないので、驚くと同時に喜んで食べる。つくり方をメモして帰られる方もいる。蒸しパン事業を企画した一人として、うれしいことだ。当日は、ドングリを使って人形などをつくるクラフト教室も開催している。

また、公共の森の整備や植樹会での指導も年に数回ある。高校生であっても、近ごろは木を植えたことはおろか、山に入った経験もない者が大半だ。

あるとき、山にサクラの苗を植える催しがあって、男女の高校生のグループを受けもった。少し急な斜面を歩くだけで、怖がってキャーキャーと大騒ぎする。女生徒に鍬で植樹用の穴を掘らせたら、後ろ向きに倒れるのが怖いのか、斜面の上側に立って、下に向いて掘ろうとした。鍬を振り下ろすたびに転げ落ちそうになる。それでも、私が声をかけるまでやり方を変えようとはしなかった。大切に育てすぎたのだろうね。深窓のご令嬢とも思えなかったが……。

さらに、一般の方々を対象にした、自治体や公共団体主催の自然観察会の案内役も務めはじめた。まだまだ未熟は承知のうえで。

森林インストラクターには、各都道府県の独自の認定に加えて、全国レベルの資格も存在する。社団法人全国森林レクリエーション協会が認定し、年に一回試験がある。一次試験は筆記で記述問題が多く、森林・林業・森林内の野外活動・安全及び教育の四科目で行われる。二次試験は実技試験と面接だ。受講者の大部分が認定される都道府県のインストラクターに比べて、格段にむずかしい。

私はもう一段レベルアップしようと思って勉強し、なんとか合格できた。都道府県の資格と区別するために「全国」を頭につけることが多い。

私も加入している（全国）森林インストラクターの広島県支部でも、子どもの教育などの活動を展開している。よく行うのが「子ども樹木博士」認定のためのお手伝いである。約三〇種類の木の葉を見せて、木の名前を当てさせるのだ。

最初に森を案内し、問題に出る樹木を見せて特徴などを説明する。このときいかに印象に残る話をするかが、われわれ森林インストラクターの腕の見せどころである。次に広場に戻って、名前を書いた札がつけられている問題の葉が並べてあるところでもう一度復習する。そして、番号札がついた葉が並ぶ場所で回答用紙に木の名前を記入する。

おとなでもむずかしいテストである。経験的にいうと、男の子はけっこう早々とあきらめるが、女の子は粘って答えようとする。最後は、ランクをつけた認定証を全員に渡す表彰式だ。成績順に渡すと、上位はたいてい女の子である。

第4章

後半生を遊ぶ

1メートルまで成長したタイサンボク

山仕事を待ちわびる

森の手入れが進展し、五メートル幅の作業帯が順に東に五〇メートルぐらい移動すると、縦八〇メートル、横五〇メートルの森林公園のような区域が出現した。その結果、最初のうちの、まったく中の様子がつかめなかった状態から、端から端まで見通すことはできないものの、地面が盛り上がったり、逆に窪《くぼ》みをつくったりしながら、向こうへ続いているのがわかるようになる。こうして薄暗かった森の中に木漏れ日が射し込み、風が通り出した。

メジロ

いまはまだ鳥の声があまりしないが、隙き間が広くなって、木立の中を自由に飛び回れるようになれば、たくさんの野鳥が訪れてくれるような気がする。事実、メジロが作業中に近くまでやって来ることがある。それまで知らなかったが、メジロは、細い垂直な木の幹に横向きに留まることができる。足をひねった姿勢でこちらをじっと見ているのが可愛い。

手入れをしてよかったと実感できると、ますます山仕事が楽しくなる。次に来られる日を待ちわびるようになった。

早期退職に応募

そんな折、幸か不幸か、勤めていた会社の業績がさらに悪化して、私も対象になるような幅広い早期退職(リストラ)の募集計画が発表された。これまでも、特定の管理部門や幹部社員に対しては何度か配置転換や早期退職の勧奨が行われてきた。しかし、三〇歳以上の社員を対象とするのは、はじめてである。退職条件はこれまでのものよりかなりよくなっていて、前年度の給与とボーナスを合算した額の三倍を通常の退職金に上乗せするという。

私がこの会社に入ったとき、定年は五五歳であった。だから、私は五五歳退職を念頭に人生設計をしてきた。それなのに、日本人の平均寿命の伸びや、年金支給開始年齢の引き上げなどで少しずつ延長されて、この時点では六〇歳定年になっていた(現在では、希望すればさらに延長できるらしい)。

私は定年が延びなくてもよいのにと思っていたが、まわりのほとんどの人たちはいつまでも働いていたいらしい。私は働くのが嫌だから早く退職したいわけではなく、残りの人生を楽しく過ごすには、六〇歳では遅いと考えていた。若い人たちと同様に遊びまわれるのは、がんばっても六五歳までだと思う。それ以降は、ペースを落として負荷の軽い活動にすれば、七五歳ぐらいまで可能だろう。六〇歳で退職したのでは、フルパワーで遊べる期間はたった五年しかないではないか。

この早期退職募集時点で、私は五三歳であった。三年分の給与を上乗せしてくれるのだから、五六歳までの収入は確保され、当初の私の計画の五五歳はクリアーしている。パソコンを使って死ぬまでの収支をシミュレーションした結果も、なんとかOKだ。たいして迷わずに、私は早期退職の道を選んだ。

このとき私に決断を促した、ひとつの気づきがある。五三歳時点の日本人の平均余命（あと何年生きられるか）は、三〇年を少し切る程度だった。仕事柄、健康保持に気をつけてきたし、なぜか同僚からストレスに強いと言われていた私のことだから、もう少し長生きすると仮定すると、これまでに働いた年数とほぼ同じになる。そこで、働いた時間と同じだけ遊んでから死んでやろうと思った。もちろん、遊ぶというのは、自分のやりたいことをするという意味である。

退職条件から考えて、今回の応募者は多いと私は読んだ。上司には早めに退職の意志を伝えてあったので、会社が設定した早期退職受付日の前夜に「退職申込書をいまお預けしましょうか」と聞くと、「必ず受け取るから、明日の朝にしてくれ」と言われた。

実は、早期退職の人数には上限があって、先着順になっていた。私の上司は規則どおりの対応をしたわけだが、後日聞いた話によると、ある管理者は退職者数のノルマを達成するために、直前になって部下の気が変わるのを恐れて、前日までに申込書を集めたという。

翌朝、受付開始時刻と同時に提出したのは、私だけではなかった。申し込みが殺到して約一〇分で定員をオーバーしたので、以後は受付を打ち切ったそうだ。

私の親しい同僚は退職の意向であったが、何かの都合で提出が遅れたために間に合わなかった。退職金でローンを完済する計画で、次の会社への再就職もほぼ決まっていたのに、断らざるをえなかったという。一方で、何度も肩たたきを受けて仕方なく退職申込書を用意していたものの、上司から催促の声をかけられたら出そうと思っていて、結局辞めずにすんだ人もいた。働く意志があるにもかかわらず前日に申込書を提出させられた人は、さぞかし悔しかっただろう。人生どう転ぶかわからない。

もうひとつ興味深い話をする。これは私の周囲だけのことなので、一般に当てはまるとはいわないが、私と同年輩で奥さんが看護師や教員など割に収入が多い人は、誰ひとりとして早期退職していないのだ。常識的に考えれば、奥さんがしっかり稼いでいるのだから、安心して退職できそうなものだが、そうはしていない。

私の独断と偏見に満ちた答えは、こうだ。奥さんも仕事で忙しいので、彼らはふだんから家事を分担させられていた。もし早期退職して家にいれば、これまで以上に家事を押しつけられる、と考えたのではあるまいか。あるいは、経済力を背景にいっそう奥さんの発言力が強まるのを恐れたのか。真相は不明である。

カツカツ自適

退職後、興味を惹かれた仕事以外ほとんど働いていない私に、「悠々自適でいいね」と言う人が多い。だが、私は「悠々ではなくカツカツ自適ですよ」と答えている。飛行機にたとえれば、エンジンのないグライダーの状態である。できるだけ遠くまで人生飛行するには、節制した生活が絶対条件だ。変に欲を出して機首を上げたりすると、失速して墜落しかねない。年金をもらう時点まで、安全第一で飛んでいこう。

私が退職して、妻はローンで家を建てたころのような危機感を抱いたのか、いっそう節約に励み出した。我が家のモットーは「心は豊かに、生活は質素に」なので、ふだんからぜいたくはしていないはずなのだが、食費をはじめ全般を見直したらしい。そのせいか、だんだん私の体重は落ちていく。

退職して三年ぐらい後に偶然会社の同僚に会ったとき、「病気でもしたのか」と聞かれた。顔が細くなって、やつれた感じだったのだろう。自分としては体重の減少には気づいていたが、健康診断で特別に悪いところがあるわけでなし、ランニング（最近はスピードが落ちてジョギングといったほうが正しい）も以前と変わらず続けていたので、気にしていなかった。それでも、面と向かって言われるとやはりショックだ。私は、体重が減った原因を次のように推測している。

勤めていたころは、昼食に会社の弁当をとっていた。この弁当は基本的に工場で働いている人たちを対象にしているので、夕食並みのカロリーがある。毎日フライなどボリュームのあるおかずがついていた。退職後の家での食事では、どこの家庭でも同様だと思うが、昼に天ぷらなどの油ものが出ることはまずない。週二回の山仕事など肉体労働が増えていることとも相まって、痩せたのだと思う。

別の親しい友人と会ったときも「痩せた」と言われたので、「このところまともに食ってないからなあ」と深刻ぶって話すと、一瞬だけ驚いた顔をした。しかし、さすがに私の友だちだ。「うなぎでもおごろう」とは言わなかった。

ともあれ、好きなフライなどが減ったことに常々不満を抱いていた私は、元同僚の言葉を口実に、油ものの回数増を妻に要求した。現在は、多少ましになっている。体重も横ばいだ。

GPSつき携帯電話で木の位置を記録

植物の勉強を続けて木の名前や特徴がわかると、手入れの過程で、これはいままでなかった種類だと気がつくようになる。こうした木は後からまた見たいと思うから、記録をしておいたほうがいい。とはいえ、この森は広いから新しい樹種が多くあるだろうし、地図にメモ書きした程度では役に立たない。考えついた方法が、GPS(全地球測位システム)で木の位置の経度と緯度を特定することであった。

携帯型のGPS機器を探しに電器店に行ったところ、五万円ぐらいしている。ちょっと迷う金額である。一カ月近く決められずにいた。GPS機能がついた携帯電話があるのは知っていたが、地図しか表示されないと思い込んでいた。市街地と異なり、目印のない山中で地図が表示されても、使い物にはならない。

広島の街に買い物に出たついでに、たまたま目についた大きな携帯電話ショップに入って、緯度と経度でも表示されるGPSつき携帯電話が発売される予定はないかと店員に聞いたところ、「そんな話は聞いたこともない」という返事。ところが、少し離れたところにいた別の店員が「ありますよ」と言った。実際には、すでに発売されていたのだ。

くわしく調べると、表示精度に二種類あった。秒以下一桁までの表示と、二桁までの表示である。当然、二桁まで表示できる機種を選んだ。地球の周囲は約四万キロである。これを三六〇度で分割すると、一度は一一一キロ、一分は一八五二メートル、一秒は三一メートル、一〇分の一秒は三メートル、一〇〇分の一秒は三〇センチになる。

とはいえ、軍事用のGPS機器ならともかく、民間の、しかも携帯電話なので、あまり高精度ではないだろうと考えた。そこで、同じ地点で何度か測定してみると、〇・四秒程度の幅で変動する。衛星の位置などによるのだろう。実用範囲としてプラス・マイナス一〇メートルと考えておけば、間違いなさそうだ。森で特定の木を探すには、十分な精度である。

このGPSを使って、三日に一回は何らかの位置を測定している。この森としては珍しい植物、これまでになく大きな木、変わった形になった木、花が咲くころにまた見に来ようと思う木、湧き水の場所などだ。

また、登山やハイキングなどで、もし遭難して救助を求める場合には、強力な武器となる。誤差一〇メートルで居場所を連絡できれば、救助のヘリコプターが短時間で到着できるからだ。もちろん、携帯電話の電波が届かないような山奥ではどうしようもないが、携帯各社の通話可能域はますます広くなっている。森林ボランティアや山歩きが好きな方が携帯電話を買い替える際には、GPS機能つきをお勧めする。

マツタケが生える森になるか?

Cゾーンにはアカマツの木が多かった。アカマツと聞けばマツタケを連想する方は少なくないだろう。私もひょっとしてと考えて、マツタケについて調べてみた。

広島県はむかしから全国一のマツタケ産地であったが、近年は他県と同様に、採れる量が激減している。里山に人の手が入らなくなったからである。マツタケは腐葉土たっぷりの、樹木の生育に適した場所には生えない。しかも、日光が当たる、風通しのよい場所でなければならない。

人間が里山で薪や炭焼き用の木を伐り、肥料として畑に入れるために落ち葉を集めていた時代は、マツタケの発生に最適の環境だった。適度に樹木が間引きされ、森の中を歩きまわるのにじゃまになるような下のほうの枝が取り払われるので、光が入り込み、地面近くを風が通り抜ける。また、落ち葉はかき取られて、表面近くの土が栄養豊かになるのを防いだ。

マツタケ不作の原因として、もうひとつあげられるのが、松枯れによるアカマツ林の減少だ。一般には「マツクイムシにやられた」という表現が多いので、マツクイムシという害虫がいると思っている人がいるだろうが、そんな名前の虫はいない。マツの樹皮の下に入り込んで加害する甲虫類を総称した呼び名である。キクイムシ、ゾウムシ、カミキリムシなどが該当する。

アカマツが枯れる原因がほぼ突き止められたのは一九七一年だった。マツノザイセンチュウという目に見えないほどの小さな線虫が、カミキリムシの口からアカマツの中に入り、増殖するためである。マツノザイセンチュウは外来生物らしい。また、大気汚染の影響でマツが枯れると主張する人もいる。たしかに、マツの抵抗力が弱まって、マツノザイセンチュウの害を加速している可能性はあるだろう。

松枯れを防ごうとして、カミキリムシなどを殺す目的で、森林へのヘリコプターからの殺虫剤の空中散布が全国的に行われて、自然保護や健康との兼ね合いで論議を呼んだ。最近は実施が減っているらしい。ここ東広島市でも、二〇〇八年からは行われていない。空から広範囲に撒くのを改めて、各樹木に点滴のような形で薬剤を注入する方式をテレビで見たが、コスト面からなかなか普及しないようだ。

代わりに登場したのが、全国的な規模ではないかもしれないが、スーパーマツである。

マツノザイセンチュウに強い抵抗力を示したマツを選抜して、広島県で開発された品種である。その苗を里山に植えて、むかしのようなマツタケ山を再生しようと活動している仲間がいる。

この森の松枯れはそれほどひどくないが、ところどころに枯れたアカマツがある。そのままにしておくと周囲のマツにも感染が広がると聞いているので、ノコギリで切れる程度の木は倒して処理している。

ところで、マツタケ狩りにはどんな場所を探したらよいかを教えるタイトルの本が二冊あったので、興味本位で読んでみると、まったく相反する意見が載っていた。一方は葉の色がやや薄くなったアカマツのそばにあるといい、他方は青々とした元気な葉が繁ったアカマツに生えるという。それぞれの筆者が自らの経験を書いているのだろう。それほどマツタケは神秘的なキノコということだ。

私はこの森を購入するにあたって、マツタケについてはまったく考えなかった。森から利益を得ようとは期待しておらず、ただ自分のやすらぎのために手入れを続けている。Cゾーンのアカマツは混み合っているために細く、弱々しい。手入れしていけば日当たりと通風は改善されるが、落ち葉を取り除いたりはしないので、すぐにマツタケが生えはしないであろう。もっとも、あと一〇年も経てば、森が長年の手入れのご褒美として与えてくれるかもしれない。

森の手入れに目覚めた妻

私ひとりで手入れを始めてから六年半後の二〇〇四年春、ようやくＣゾーンの整備が終わった。まだ四分の三が残っている。

当初の計画では、次は東の奥のＤゾーンに進む予定だったが、ＤゾーンはＣゾーンより斜面が急で、大きな木が多いようだ。五〇代なかばの年齢を考えると、この森を買ったときにふと思った「生きているあいだに手入れが終わらないかもしれない」という心配が現実味を帯びてきた。退職したので、これまでよりも頻繁に来られるから、単純に三倍はからないだろうが、体力の問題も出てきそうだ……。はじめて弱気になった。

結局、Ｄゾーンを後回しにして、比較的やりやすそうなＢゾーンの手入れを選んだ。今度は東から西に進むことにする。

整備していってわかったのだが、Ｂゾーンには前の持ち主グループが植林したヒノキがたくさん残っていた。いずれも直径二〇センチ以上ある。三〇センチ近いものも見られた。数えたわけではないが、二〇〇本はありそうだ。分布はゾーンの南半分に多い。どういうわけか、ウサギに食われずに助かったのだろう。ヒノキ林は上空を常に緑の葉が覆っているために暗い。下草などほとんど見当たらない。幸いこのヒノキの生育する区域は平坦なので、雨で表土が流される心配はなさそうである。

私の子どもや孫が家を建てるときには、このヒノキが使えるかもしれないと思うと、うれしくなった。実際に伐採して運び出すのは、たいへんな費用がかかるだろうけれど。

Bゾーンの北側は落葉樹の割合が多く、日当たりがよい。小さな草花や背の低い木々がけっこう見られる。私はもともと大きな木が好きなほうなので、草花の知識レベルはまだまだであるが、自分の森にある草花はしっかり把握しておきたい。

Bゾーンの西の端に近い場所に、トタン屋根の三畳ほどの広さの小屋があった。柱は傾いて、ほとんど倒壊しているといってよい。これは、前の所有者グループの作業小屋である。ヒノキの苗を植えているあいだ、ここで休んだり弁当を食べたりしていたのであろう。地面には、酒やビールの瓶が半分、土に埋まっている。湯飲み茶碗もいくつか見つかった。ときには酒盛りをしながら、植樹したヒノキが大きく成長した姿を想像していたにちがいない。まさに夢の跡である。

倒壊したままにしておくと見た目がよくないし、柱や屋根の木材には釘が出ていて危ない。そこで、すべて分解し、一カ所にまとめてかたづけた。トタンも重ねて上に石を並べ、台風のときでも飛ばないようにした。

生きているあいだに手入れが終わらないかもしれないという心配から気を取り直して、またコツコツ手入れを始めてから三カ月後、何がきっかけだったか忘れたが、妻がついてきた。妻は木の種類がわからないので、自由に伐らせるわけにいかない。私が伐採と枝打ちをした後で、それらを短く伐ってところどころに積み上げる役割をしてもらう。

一日中作業してかなりくたびれたはずだが、「次からは私も行く」と言い出した。手伝ってくれればそれだけ整備が進むし、万一ケガをしたときにも安心なので、以後は同行するようになる。もちろん、妻用のヘルメットや安全メガネをそろえた。

これ以降、一日分の進む面積はわずかでも、後ろにはきれいになった森が広がっていることに気をよくしたのか、妻は急速に森の手入れが好きになっていく。いまでは、私よりも頻繁に「森へ行こう」という。根を詰めると疲れがたまると言って、私が抑えにまわるありさまだ。

手動ウインチで大木を倒す

妻が同行するようになってから、持っていく道具も増やした。オノである。薪割りに使う長いオノではなく、その半分の長さの柄がついたオノだ。長い柄のほうが力が入って威力があるが、持ち運びを考慮して短いものにした。

何に使うかというと、腐った大木を切断するときである。前に述べたとおり、私は安全面を考えてチェーンソーを使わない。ノコギリで大きな木を伐る場合、材が固くてしっかりしていれば、時間はかかっても切断できる。しかし、表面が朽ちている場合は、ノコギリの刃が粘りついて、引くことができない。そんなとき朽ちている部分をオノで削り落としてから、中心の固いところをノコギリで伐れば、割と簡単に処理できる。

ただし、半分朽ちたまま立っている大木を倒すのは、特別な注意が必要である。ゆすったりしたときや伐って傾きはじめたときに、幹の途中から「く」の字の形に折れて、頭上に落ちてくることがあるからだ（図10）。森に入るときは、一人よりも二人が安心である。

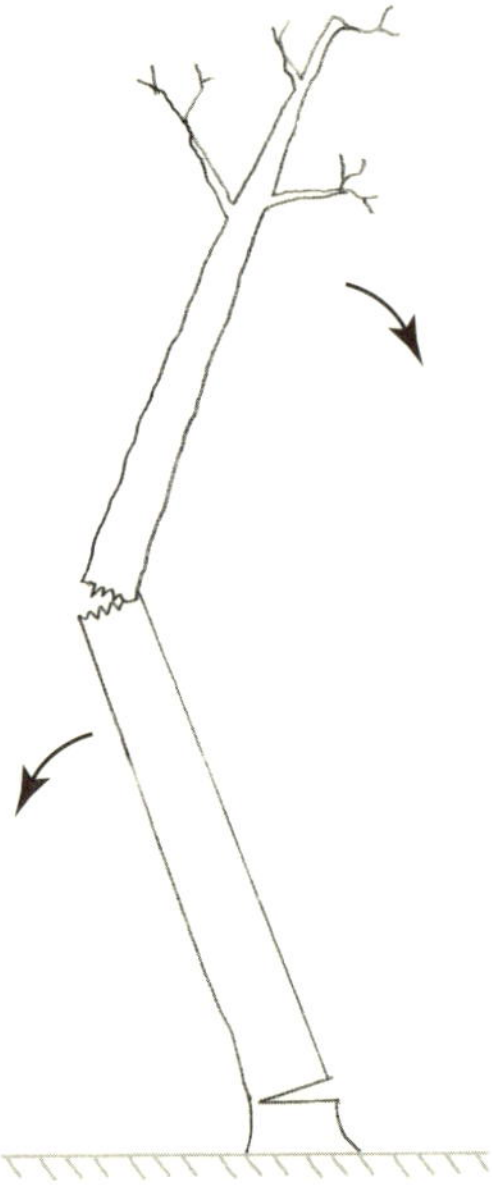

図10　「く」の字に折れる

ここで使うノコギリは替刃式だ。初めは刃の大きな森林用の替刃にしていたが、一〇日間使える利点はあるものの値段が高いので、一般的なサイズの替刃に変更した。約六日しかもたないが、一

困ったときの手動ウインチ

日あたりのコストは半分に減った。

ただし、三日ほど使うとノコギリの歯が磨耗して左右への出っ張り（これを大工用語で「アサリ」という）が少なくなり、ノコギリの厚さと切る溝の幅が同じになって、動かしにくい。とくに、大きな幹のときには挟まれやすくて苦労するので、アサリを広げる器具でノコギリ歯を曲げて使っている。それでも、木によっては挟まる場合がある。そのときは、妻に幹を押してもらって伐る。

太くて長い木を伐ったときに、たまにではあるが、ほかの木に寄りかかって、どうにもならなくなることがある。通常は、伐った根元のほうをテコでずらしていけば自重で倒れる。ところが、垂直に近い角度のままもたれかかって倒れないことがある。そんなときは手動ウインチを持っていくしかない。手動ウインチはホームセンターで三〇〇〇円前後で売っている。

図11のように、丈夫な木の根元に手動ウインチの後端

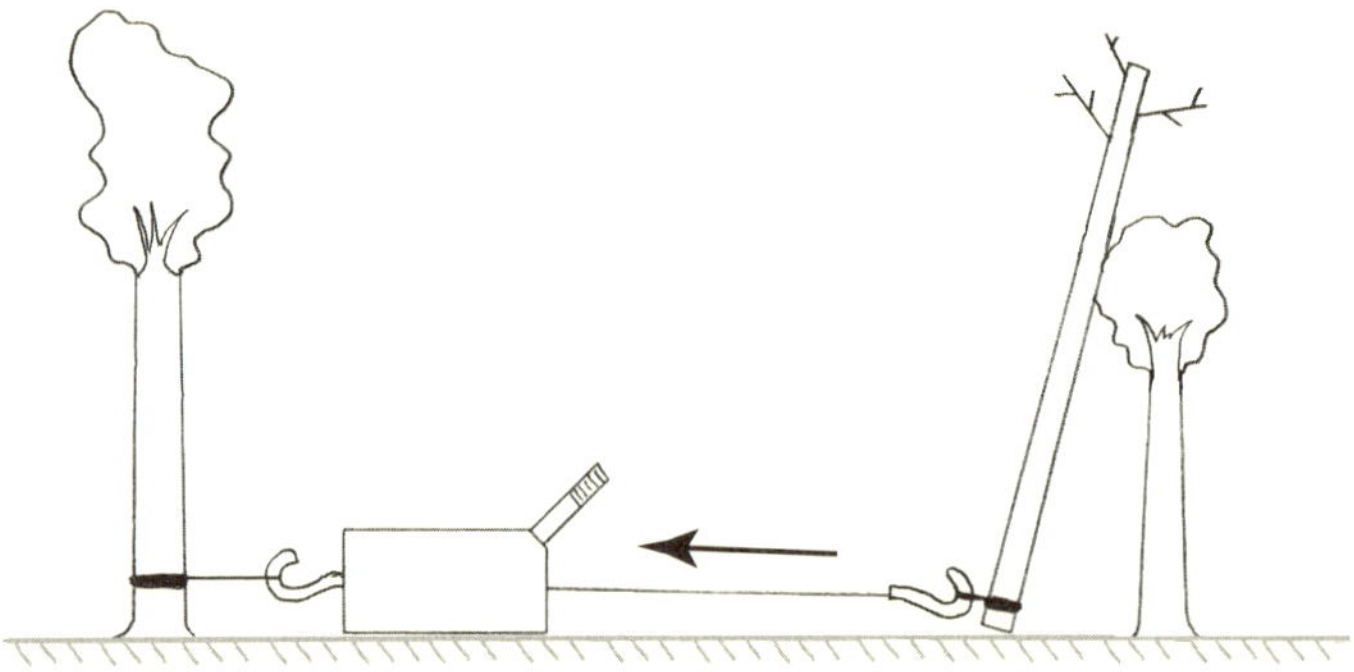

図 11　手動ウインチで引く

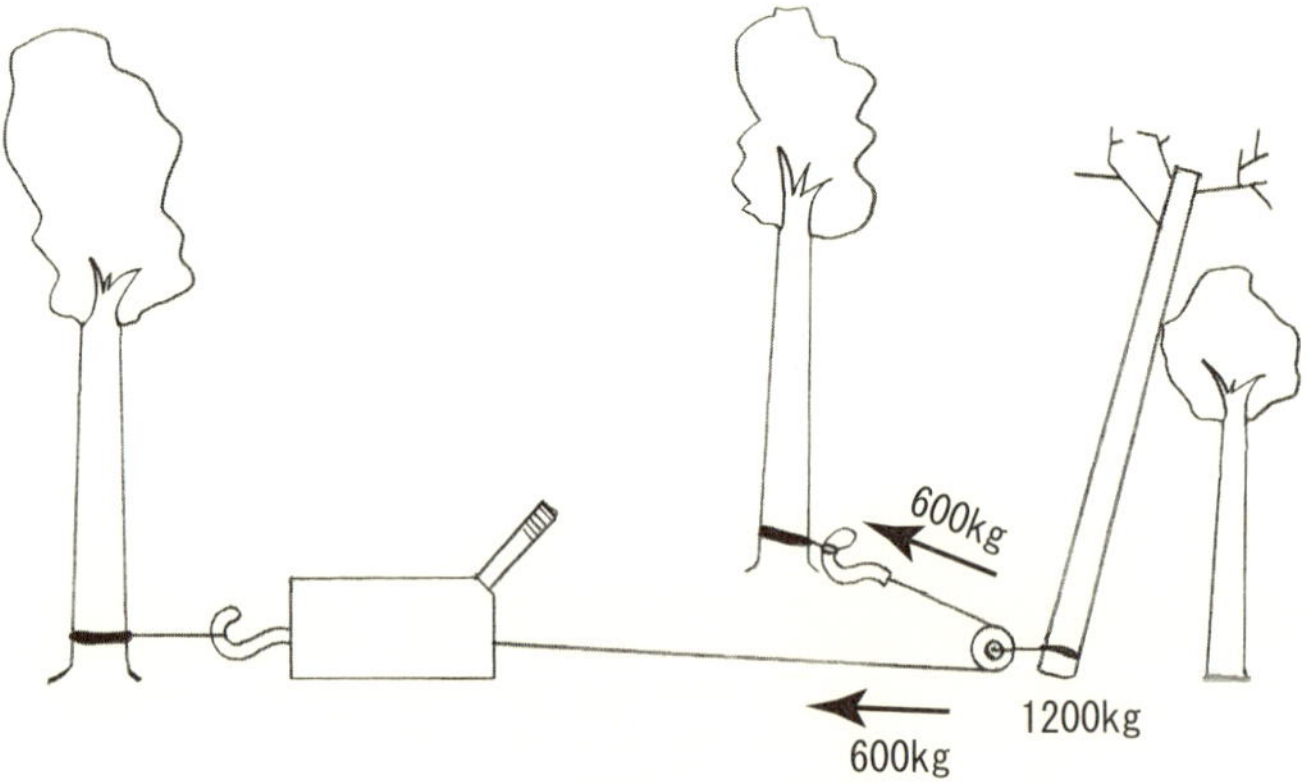

図 12　滑車を使って引く

を結びつけ、ワイヤを伸ばして先端のフックを引き倒したい木に結んだロープに掛けて引くのである。私が持っているウインチは、六〇〇キロまで引くことができる。これでも動かない場合は、滑車を使ってダブルで引けば一二〇〇キロまで可能である(図12)。だが、こんなケースはまずないと思う。

手動ウインチを使うときは、万一ワイヤや結んだロープが切れた場合を想定しておかなければならない。ワイヤやフックが飛んでくるので、からだの中心をワイヤの上に置いてはならない。そして、目を離さず、ゆっくり操作することが大切である。

また、妻が同行しはじめてからは、弁当を食べたり休憩するために浴室用の椅子を使っている。毎回持ち運ぶのはかさ張って面倒なので、作業場所に置いて帰る。石と違って尻が冷えないし、服も汚れない。

森に出かける日は、少しでも早く出発したいので、妻が弁当をつくっているあいだに、私が掃除と洗濯をして洗濯物を外に干す。帰ってきてからはくたびれているので、掃除する気にならないからだ。

手入れも最終段階

Bゾーンの手入れを開始してから、一年と少しで整備を終了した。Cゾーンの六年半と比べると大きな違いである。早く終わった理由は三つだ。

第一に、ヒノキ林の部分はほとんど何もしなくてすんだこと。第二に、会社員時代は週に一回、土曜日か日曜日しか行けなかった。そのどちらかに雨が降ると、その週は作業ができない。畑の世話をするのに一日を当てざるをえないからだ。そのほか、休日には植物観察会などの参加したい行事もある。退職してからは、週二回は確実に行ける。第三に、妻が手伝うようになったことである。

予想より早くBゾーンの手入れが終わったので、前回パスしたDゾーンに挑戦する意欲がふたたびわいてきた。DゾーンはCゾーンの続きなので、西から東に手入れしていくことにする。予想どおり、東に向かって急な斜面になっている。しかも、谷のような窪みもあるようだ。

少しずつ手入れが進むと、前の持ち主グループが伐り残したとしか思えない大きな木がところどころに現れてきた。いくらヒノキを植えるとしても、立派に育っている木を伐り倒すのは忍びなかったとみえる。ありがたいことである。残っているのはオオバヤシャブシとコナラが多かった。皮肉なことに、Dゾーンにはウサギの被害を免れたヒノキは一本もない。この森で一番奥に当たる場所なので、野生動物の出没がもっとも多かったと推測する。

この森のもっとも高い地点はDゾーンにある。そこは北側に接する別の人の土地との境界でもある。ポールのようなものも設置されている。南方向の一部が展望できるが、それほど見通しがよいとはいえない。むしろ、Cゾーンの高い場所から見える南西方向の景色のほうが私は好きだ。弁当を食べる場所としてもよい。

二年ほどでDゾーンの整備が終了した。少々雪が降っても出かけて、がんばったのが、早めに終わった理由であろう。

二〇〇七年二月、最後のAゾーンの手入れを東側から始めた。一部に保安林があるため、前の持ち主グループがこのゾーン全体について伐採を控えてある。それで、大きな木が数多く育っている。種類も多い。

保安林の理念に反せぬように、私も慎重に手入れを続けている。歩きやすさを多少犠牲にしても、なるべく木を伐らないようにして、枝の整理が主体だ。同じ株から数本の幹が伸びている場合は、一番太い幹を残して細い幹を整理する。根を残して、土の保持と採光や通風を両立させるためである。

半世紀も放置された倒木の森

Aゾーンは前の持ち主グループがまったく手を加えていないので、荒れ方が他の三ゾーンの比ではない。直径二五センチぐらいの太い倒木が重なり合っている。長さ五メートル以上はザラだ。おそらく五〇年以上もの期間放置され、そのあいだの台風などで倒れて積み重なったのだろう。ひとつかたづけるのに相当な時間を要すると思われる。ひどい箇所はそのままにしておくことも一瞬考えたが、ほかのゾーンの手入れが終わっているので、気長に取り組むことにした。

地震があっても転がっていかないように、ゆるい斜面の二本の太い立木に掛けるように地面に並べていく。二人でなんとか抱えられる倒木は手で運んだ。ただし、あまり無理をして腰痛を起こしては、何にもならない。ある程度の太さ以上のものは、太さ五センチの丈夫な棒をテコにして、斜面を利用して滑らせながら目的の場所に集めていく。もちろん、長い距離は移動できないので、五メートルごとに集積場所を設けた。

あまりに長い倒木はどうやっても動かせないから、長さ四メートル程度に切断しなければばならない。マツなどは表面がかなり腐っている。オノで腐った部分を削り落としてから、ノコギリで伐った。地面に近いところで倒れているためか、水分が多い。ノコギリが粘りついて、往復運動させるのに相当な力がいる。

どうしてもふだんのノコギリで切れないときは、以前使っていた大きな刃をもつ森林用ノコギリを利用した。格段に切れ味がよくなるわけでもないが、心持ち軽くなったような気はする。

それにしても、ほかのゾーンと違って、一日中やってもほとんど進まない。通常は、進行につれてリュックなどの荷物を何度か移動して、作業するすぐそばにラジオを置いて聞いているのだが、朝の位置から動かす必要がないほどである。

はじめてのケガ

あるとき、少し急な地形のところで長い倒木をテコを使ってずらしていたら、突然斜面を滑り出して、かなりのスピードで下っていった。枝か何かで引っ掛かって止まっていたのが、はずれて急に動き出したのだろう。下に妻がいなくて、本当によかった。

そのときは事故にならなかったが、その後で私がとうとうケガをした。ほかの木に絡まれて大きく曲がっている直径約一〇センチの幹をまっすぐにしようと思って、絡んでいる細い木をノコギリで伐ったときである。

跳ね返ることはわかっていたので、その方向からはからだをよけていた。ところが、跳ね返った木が別の倒木に当たり、その倒木が私のほうに押し出てきたのである。反射的に後ろに下がったときに、木の株のようなものにつまずいて後ろ向きに転んだ。その際に地面にあった木か石で腰の上を強く打ったらしく、しばらく動けない。

一〇分ほど経っただろうか。なんとか歩けるようになって、車まで戻った。道路に近いAゾーンでよかった。車に乗り込むときの姿勢はつらかったが、座ってしまえばそれほどの痛みはなかったし、手足も問題なく動く。ゆっくり運転して帰った。

急性期は安静が一番だと思って、次の日までは家で寝ていたが、骨の損傷が心配なので、整形外科を受診する。レントゲンの結果、幸い骨に異常は認められなかったけれど、それから約一カ月は、家でほとんど横になっているしかなかった。トイレ、風呂、食事、通院治療のときだけ、そろそろと動く状態であった。

現在は完治して、どこにも違和感なく動き回ることができる。ランニングも再開している。たいしたことがなくて、本当によかった。そのとき以来、作業場所の周辺の状態を入念に確認してから、手入れにかかるようにしている。

なんといっても、ここで手入れがひととおり終わるわけだから、今後はゆったりした気分で楽しもうと思う。

ウリハダカエデを発見

新しい種類の木を探すのが、森の手入れの楽しみのひとつである。

ウリカエデの葉（上）と、この森には一本しかないウリハダカエデの葉（下）

カエデの仲間は、ウリカエデしかなかった。広島県では内陸よりも沿岸部にやや多いとはいえ、ウリカエデと同じくらいほぼ日本中の山に広く分布しているウリハダカエデが、なぜか一本も見つからない。不思議でならなかった。この二つの木はいずれも幹が緑色をしているので、見つけやすい。それらしい色の木があったとき今度こそと期待するのだが、いつも空振りであった。

ところが、大きなコナラの木を見つけて、喜んで幹の太さをメジャーで測っているとき、横に垂れ下がっている枝の葉を見て、ウリハダカエデであることに気がついた。直径一五センチぐらいの成木であるため、幹から緑色が抜けていて、遠くからはわからなかったのだと思う。どんな小さな木でも必ず見ることにしているので、見落としは本来あり得ない。たぶん、一メートル横のコナラの大きさに目を奪われていたのだろう。取り立てて珍重するような樹種ではないとはいえ、なんとももうれしい。

その後は現在に至るまで、新たなウリハダカエデは発見できていない。この森には一本だけのようである。

Aゾーンには、明らかに人が組んだ石垣がある。長さ二メートル、高さ三〇センチ前後が多い。土の崩落を防ぐ目的であるのは間違いない。いくつもあるから、家または小屋を建てる場所を整地し、傾斜の急なところを削って、石垣で補強したのだろう。あるいは、低い場所から高い場所までつながるように設置してあることから考えて、上のほうにあった建物まで、歩きやすいように道を整備しただけなのかもしれない。

このあたりの地域からは古墳が多く発掘されている。この森でも、その跡かもしれない横穴を見つけた。ひょっとしてその時代の人が石垣をつくったのであればうれしい、などと都合よく解釈している。

ひととおり森の手入れが終わって、ゆっくり散策できるときがきたら、この周辺の歴史的なことがらについて、地元の研究家にお話をうかがうなどしたいものである。

花が楽しみな春

この森で早春に最初に花を見せるのが、黄色い花の咲くマンサクである。ほかの木がようやく新芽を膨らませはじめたころに咲くこの花は、よく目立つ。

タムシバ

続いてタムシバの白い花が開く。コブシの花によく似ていて、コブシや桜のソメイヨシノと同じく、葉が出る前に花が咲く。木全体が花で覆われたようで、美しい。タムシバという名は「噛むシバ」から変化したといわれ、葉を噛むと甘みがあるし、なんといってもその香りが素晴らしい。無意識に幹に小さな傷をつけただけで、周囲にさわやかな香りが広がって、タムシバがあることにすぐ気づくほどである。ニオイコブシともいわれる。

四月下旬には、コバノミツバツツジがピンクの花をいっぱいにつける。この木は背が低く、目線の高さに花があるので、遠くからでも咲いているのがわかる。

コバノミツバツツジが咲くころになると、私は毎年あることをしなければならない。それはハチ対策である。冬を越したオオスズメバチの女王バチが巣づくりを始めて、中に卵を産み、働きバチを育てはじめる。この時期に一匹の女王バチを退治すれば、その後に巣で育つであろう数百匹のオオスズメバチをゼロにできる。

酒と酢、砂糖を混ぜて、ハチの入る窓をあけたペットボトルに入れ、森の中の約一〇カ所に吊るしておく。平均して二〜三匹は採れている。毎年この時期に行いだしてから、作業中にオオスズメバチに出会うことが少なくなった気がしている。

五月の連休には、どの木もしっかりと葉を開き、森に射し込む太陽光がさえぎられて急に暗くなる。春先までは、常緑樹以外には葉がなかった。本当に一週間程度で、森の様子が一変する。

ギンリョウソウの咲く夏

初夏になると、小さな虫が飛びはじめる。汗をかくとよけい顔のまわりをうるさく飛び回るので、早々に蚊取り線香を腰にぶら下げることにしている。蚊取り線香の効果は絶大で、ほとんど寄ってこなくなる。寒くなるまでの必需品である。

また、このころからクモの巣が増えてくる。飛ぶ虫を捕らえるのだから当然なのだが、歩いていく途中に何度も出くわすので、枝を振り回しながら森の中に入る。朝の出勤時に取り除いたはずなのに、帰るときにも数は少ないながら、またクモの巣がかかっている。一度壊されたら翌朝までは網を張らないのがふつうらしいが、へこたれない感心なクモもいるようだ。

ギンリョウソウ

ギンリョウソウが可愛い姿を見せはじめるのも、このころである。この植物は葉緑素をもたないため、全身がほぼ白い。草丈は約八センチ。一般的には数本がまとまって出るが、なぜか大きな群落となる場所がある。

梅雨の時期の山仕事はやりにくい。前日の雨で朝の一〇時ごろまでは葉に水滴が残っていることが多く、幹にふれたとたんに雨粒のように降ってくる。そこで、作業前に幹を棒でたたいてから手入れにかかるようにしている。それでも、葉についた水滴は、昼前には完全に乾いて作業に支障はなくなる。一方、倒木はなかなか乾燥しないので、扱うたびに革手袋がズルズルになる。さらに問題なのが、滑ってケガをする危険が増すことだ。濡れている根は、とくに滑りやすい。

真夏はやはり暑い。直射日光は上の葉でさえぎられるから、手入れをしていない前方（北側）はほとんど日が当たらないが、手入れの終わった後方（南側）からは木漏れ日が当たる。間伐（間引き）をしたり、大きな枝を落としたときなどは、しっかり夏の太陽が首筋や背中を照らすので、ヘルメットに土星のリングのような日よけカバーをはめて対処している。

手入れを始めたころは、太平洋戦争時代の日本兵のように、首の後ろに布たれをつけていた。しかし、上から落ちてくる枯れ葉やダニなどを防ぐ効果はあるものの、風をさえぎるので首のまわりが暑くてたまらず、夏の間は土星のリングに変更した。

住宅地と比べれば、おそらく五度以上は低いだろう。それでも、太目の枯れ木を伐り倒したり、運んだり、少し力を入れる作業をすると、汗が噴き出てくる。熱中症にならないように、ポカリスエットの粉末を加えたお茶を持参しているが、持っていった分だけすべて飲んでしまう。

枯れ葉舞う秋

秋といえば紅葉の季節である。残念ながら、この森にはイロハモミジなどの鮮やかな赤に紅葉する樹木は少ない。少しだけあるツタの仲間の葉が、赤紅色に染まるくらいだ。黄色になるコシアブラやタカノツメ、茶色になるコナラ類はあるが、混み合った枝を下から見上げるしかないので、感激するほどの美しさはない。

それよりも、風が吹いてきたときに、枯れ葉が空中を舞いながら落ちてくる風情のほうが好きだ。一陣の風で枝がゆすられる音、飛び散った葉が座っている自分のそばに着地したときのかすかな音を聞いていると、つくづく森の中はいいと思う。

栗の木もいくらかあるが、園芸種ではないから実は小さい。食べる分は最初に買った家の近くの雑木林の栗を拾うので、この森の栗はそのままにしている。実際、落ちている実を見ることはほとんどない。テンかリスかウサギかわからないけれど、落ちた実は残らず食べているようで、イガしか残されていない。暗いうちにやって来て食べるのだろうから、人間様が勝てるわけがない。

秋だけとはかぎらないが、この季節にはキノコが増える。キノコの図鑑も持っているし、調べてもいるけれど、絶対に間違えない自信はないので、採って食べはしない。そもそも食べられるキノコといっても、毒ではないということであって、美味しいかどうかは別である。また、二〇〇四年秋に日本海側の各地で起きたスギヒラタケの中毒事故をご記憶の方もおられるだろう。従来食用とされていたキノコでさえも危険な場合がある。

キノコの種類は膨大で、まだ名前のついていないものも多い。次々と新しいキノコが現れる理由のひとつに、キノコ菌の遺伝子の変化があると私は考えている。鳥インフルエンザウイルスのように、遺伝子を変化させてその場の環境に適合していく過程で、これまでにない毒性を獲得することも十分にあり得る。

私の仲間にも、キノコ観察が得意な人がかなりいる。なぜか、女性のほうが多い。ときどき同行し、たまには採ったキノコを入れた鍋をご馳走になる。彼女らは「美味しいでしょう」というから、一応「うん、美味しい」と答えるけれど、なんだかフニャッとしているだけで、特別美味というほどではないと思う。椎茸のほうが一〇〇倍もうまい。ゴメンネ。

キノコについては、さらに面白い話がある。最初に買った家の近くの雑木林で、開墾し

アミガサタケ

て畑にした土地の縁にアミガサタケが生えてきた。ここ三年は出ないので写真をお見せできないのが残念だが、先端がモコモコといびつに膨らんだペニスのような形をしている。大きさは、ちょうどそのくらい。中は中空になっている。図鑑では食べられるとあったが、食欲をそそる匂いでもなかったので、当初は足で蹴飛ばしていた。

キノコが好きな友人にその話をすると、「もったいない、全部引き取る」と言う。なんでも西洋料理では、モリーユという名前で珍重されているらしい。それで、次に生えたとき、大半はその友人にあげて、残りを家で天ぷらにして食べてみた。私はまあまあの味だと思ったが、妻はいい顔をしなかった。

ところが、それから数カ月後にテレビで檀ふみと阿川佐和子がフランスを旅する番組を見ていたら、市場で乾燥したアミガサタケ（モリーユ）が一キロ七万円で売られていた。妻にその話をすると、こう言った。

「もう一度、食べてみようか」

ある本によれば、アミガサタケは精力剤として用いられるという。

冬芽の観察

枯れ葉が落ちきって冬を迎えるころには、森の中はとても明るくなる。かなり遠くにある大木の枝まで見える。こうした葉がない季節の手入れは、作業としてはやりやすいものの、肝心の樹種の判定がむずかしい。幹の色や模様、枝振りなどで判断できる種類もあるが、やはり葉がもつ情報量のほうが圧倒的に多く、自信をもって判定できる。

もちろん、長年植物にかかわってきた方々は、葉がなくても判断できるのだろう。私はまだまだそのレベルに達していない。

二〇〇五年から頼りにしているのが、冬芽の図鑑である。樹木は夏のあいだから、冬を乗り切って春に芽吹くための冬芽を準備しているので、その形状や表面の小さな毛で判別する。また、秋に枝から葉が落ちた痕跡(葉痕)の形も判断の助けにする。これらはいずれも細かい部分を観察しなければならず、ルーペが必需品である。

しかし、人間にいろいろな顔があるように、植物も図鑑の写真どおりの姿形をしているとはかぎらない。周囲の落ち葉を見ればいいと言ったベテランもいる。だが、風で舞い散った枯れ葉の、どれがどの木のものかわかるのだろうか。公園の並木道とは違うのだから。

結局のところ、わからなかった木については、紙テープを結びつけ、緯度と経度を記録して、春になって葉が出るのを待つことになる。

さらに寒くなり、雪が降ると、森に入れる日が少なくなる。寒さ自体はしっかり防寒服を着ていればしのげるし、邪魔な虫もいないので作業はやりやすいものの、雪が積もれば作業ができない。このあたりの積雪量はだいたい一〇センチ程度だが、ゴム長を履いても滑りやすいことに変わりないし、革手袋が濡れるので根元から木を伐ることができない。

家の周辺では雪が解けてから一週間が経つので、もう森の雪もないだろうと思って出かけると、途中から道路脇の雪がだんだん増えてきて、着いた森の中はしっかり積もっている場合もある。途中で引き返せばよいのだろうが、「せっかく用意してここまで来たんだから……」と、向かうのだ。とくに手入れが遅れていたころは、雪があると思っても出かけることが多かった。近ごろはめどがついたので、無理をしていない。

鉄砲撃ちに用心

冬に注意しなければならないのが狩猟である。この地域で狩猟が解禁になる一一月中旬から、イノシシや野鳥を目当てに銃を携えて入ってくる人たちがいる。彼らは、この国産材不況の時代に森の手入れをする人間がいるとは毛頭予想していないし、獲物探索脳になっているので、誤って撃たれかねない。

「林内作業中」と掲示し、「立入りお断わり」の札も掛けているのに、それでも入ってくる人がいる。それは、ときどき薬莢《やっきょう》が落ちていることでわかる。犬がイノシシを追い出してくるのを待つあいだ、弁当を食べたりタバコを吸ったりして、その弁当ガラや吸いガラをそのままにしてある場合や、邪魔になる木を伐り倒すこともある。なかには、私の森で焚き火をした者までいた。

山林の土は落ち葉が腐葉土化して、ふかふかの状態だ。いったん下層に火がつけば、地下をじわじわと燃え広がる危険性が大いにあるのに、危ないと思わないのだろうか。自分の山ではないので、どうなってもかまわないのか。こんな人は、タバコも消火を確認せずに捨てるにちがいない。狩猟者には立ち入ってほしくない。

広島県の関係部署の担当者の話では、獲物がなかった腹いせに、ほだ木の椎茸を盗った者さえいたという。ごくごく一部の狩猟者ではあろうが。

私が朝この森の手入れに到着するよりも早く立ち入って、銃を構えていることも考えられる。念のため、ホイッスルを吹きながら歩いている。

最近、イノシシが出没して里の田んぼや畑を荒らすので、イノシシ猟が必要な地域もあるだろう。だが、私の森に限っていえば、森の手入れが進んで見通しがよくなってからは、それまでよく見かけたイノシシが餌を探して地面を掘り返した跡が、ほとんどなくなった。

イノシシは用心深い性格なので、自分のからだを隠す場所がないぐらい整備された森には足を踏み入れないのだろう。活動するのは夜間であろうが、さえぎるもののない開けた森の中を長い時間歩き回るのは、いくら食べ物のためとはいっても、気持ちのよいものではないはずだ。里山を所有する人びとが私のように整備すれば、イノシシや鹿の害を減らせると思う。

不法投棄されたごみ

この森の南側を流れる小川は一年中涸《か》れない。その水源のひとつは、森の中にある。地面の下五〇センチに開いたトンネル状の窪みから、チョロチョロと流れ出てくる。もう少し奥まで掘り進めば、岩を伝って流れ落ちる箇所を探し出して、コップに受けられるかもしれないと思いつつ、後の楽しみにしてある。

山の水というものは不思議なもので、私の森の頂上ともいえるような、やや高い場所の近くからも、染み出ている。そこより高い近くの山までは数百メートル離れているのに、水脈が上に向かって流れているのであろうか。

南側の小川に続く崖には、いろいろなものが捨てられている。大量投棄ではないから、個人が捨てたのだろう。一見しただけでは少ししかないように見えるが、崖を降りていくと足元に瓶などがかなり転がっている。多くは私が購入する以前からあったものだろうが、ときどき新しいごみも見つける。取りやすいものは引き上げて家に持ち帰り、大きいものは市役所に連絡して回収車に来てもらっている。

ごみを捨てる者は、見つかりにくい場所を選ぶ。わざわざ崖の上には捨てにいかず、必ず下に向かってごみを落とす。急斜面ほど途中で引っ掛からずに下まで落ちやすいので、崖のような場所が選ばれる。そうした場所ほど、引き上げるのに苦労が多い。

いま、自治体の多くがごみの有料化に踏み切っているらしい。私が住む東広島市でも有料の指定ごみ袋に入れて出す制度に変わった。ごみを減らす効果があるというのだが、本当だろうか。

たしかに、有料化の直後は、かけこみで直前に出した人が多いから一時的に減るだろう。しかし、この時点で効果があったといわれても困る。また、指定ごみ袋にはできるだけ詰め込もうとするのが人情だから、それまでよりギュッと圧縮されて体積は減少する。回収車が一〇往復していたのが八往復ですむようになったことで、ごみが減ったと成果をPRしてはいないだろうか。重量で測っていればよいが。

家具などの大型ごみの有料化は、不法投棄に結びつく。そして、テレビ・洗濯機など家電製品のリサイクル料金が後払いになっていることは、大きな誤りといわざるをえない。外国では購入時の先払いもあるというのに。

法律違反をしてこなかったごくふつうの人びとを、わざわざ罪を犯す方向に誘い込むようなものだ。テレビのいたずら番組で、わざとお金を道に落としておいて、拾うところを撮影してからかうのに似ている。一度心のタガがはずれた人が以前と同様に法を守る保証が、どこにあるというのか。

有料化でごみ対策費が節約できるというが、不法に捨てられたごみをそのままにしておくという前提でのことではないだろうか。もし、捨てられたごみすべてを自治体の費用で崖の下から引き上げて処理するとしたら、有料化で得た金でまかなえるのだろうか。疑問はつきない。税金を引き上げてでも無料にしたほうが、日本人の品性と日本の国土の美しさを守ることにつながると私は思う。ごみを減らせば税金が安くなることをしっかりPRする必要もある。

さらに多様な森にしたい

この森でこれまで私が確認した木の種類は一〇〇を超えている。これだけでも十分に豊かな森なのだが、人間というものは(とくに私は?)欲が出るものだ。勉強のために毎月一～二回参加する自然観察会で、私の森にない種類を見ると、こんな木があるといいなと思うときがある。もっとも、自然植生というか、その土地に適した植物が自然に形成する森を大切にすべきだとも思う。そこで、場所を限定して、標識をつけたうえで、新しい植物を加えることにした。

自然を楽しむ者のルールとして、掘り取ったり、無断で枝を伐り取って挿し木にしたりすることは許されない。種を拾ってきて、育てている(種はおろか一枚の葉の持ち出しまで禁じられている自然公園もあるので、要注意)。

小さなポットに種を播いて庭に置き、水をやる。二カ月で芽を出す例外もあるが、たいていは半年以上かかってようやく発芽する。発芽率はよくて三割、三粒のうちのひとつだ。まったく芽を出さない種類も多く、八割は二年経ってもどのポットからも発芽せず、捨てる羽目になる。自分が植えたいと思うような、なかなか自然の森林では見かけない珍しい樹種ほど、発芽率が悪い。当たり前である。発芽率がよければ、そこらじゅうに生えているだろう。

木の実はまわりに発芽抑制物質がついているので、一度鳥の腹を通ったものでないと芽が出ないと聞いたことがある。それで、必ず果肉の部分を洗い取って播いているが、結果は前述のとおりだ。

発芽しても、その後の生育が悪い樹種もある。ブナとミズナラだ。いずれも寒い気候を好む木である。ブナは世界遺産になった白神山地（青森県・秋田県）で有名だ。ミズナラはウィスキーの樽にするオークの仲間と思えば間違いない。両方とも広島県の北部でも群落がある。

実を拾って播くと発芽率はよいのだが、地植えにすると二年ほどで枯れてしまう。すでにミズナラは全滅し、ブナは一本だけ弱々しく残っている。やはり、瀬戸内地域では暖かすぎるのだろうか。

暖かい地方の植物、たとえば沖縄の植物を北海道に持っていっても根づかないのは、感覚的に理解できる。だが、その逆はどうしてだろう。暖かい場所で細胞の活動が活発になって、何がいけないのだろう。素人っぽい疑問で恐縮だが、不思議に思っている。

つい最近、大学で植物学を研究していた方にこの疑問をぶつけてみた。その方は、ウィルスのためではないかという。ウィルスは暖かいところでは活動しやすいので、もともと暖かい場所に育つ植物は耐性が備わっているが、寒い場所の植物には耐性がないから、しだいに弱って枯れるのだという。園芸店で売っている消毒済みの土に植えれば長持ちするらしい。

牛乳パックとペットボトルで育てる

ある程度育った苗木にはポットは小さすぎるので、牛乳の一リットルパックに移植する。上端の開口部分を内側に折り込み、底の四隅に水抜きの穴を開け、側面にも空気穴を二〇個くらい開けておく。牛乳パックのよいところは、いよいよ森に移植する際に根を痛めずに植えられる点である。底の紙を切り取ってパックのまま土に植え、そっとパックだけ上に引き抜けば、移植完了である。是非お試しあれ。

ただし、牛乳パックの難点は、数カ月もの長い期間にわたって苗を育てようとすると、防水膜が破れている空気穴や水抜き穴から水が染み込んで、パックがフニャフニャになることだ。そこで、大きく育ててから移植したい苗には、野菜ジュースなどの四角い九〇〇ミリリットルのペットボトルを使うとよい。底と側面に穴を開けるのは、牛乳パックと変わらない。

なお、ペットボトルは牛乳パックと違って透明で、土に光が当たる。だから、根に悪影響がないようにアルミ箔を巻く必要がある。また、側面が牛乳パックのように完全な平面ではない。そのため、森に移植する際には、底を切り取るだけでなく、ひとつの側面を切り開いておかないと、スムーズにペットボトルを上に抜き取ることができない。牛乳パックと違って、ややコツを要する。

運よく育った苗で、花がきれいで老後も見ていたいと思う種類は、家の近くの雑木林に植えている。よぼよぼ爺さんになって車に乗れなくなっても、あそこなら杖を突いてでも見に行けるからだ。それ以外の木は大きい森に植えている。

定期的な水やりなどできないので、雨の前後に植えつけるようにしているが、二割は枯れる。また、動物に新芽を食われることが多い。人間の匂いがするから悪さをするのかと思えるほど、まわりにあった木の葉は食べずに、植えたものを食べる。いつもと違うご馳走に見えるのだろうか。

タイサンボクと飛行機の思い出

種を拾って育てた木で思い出深いのが、タイサンボクである。

会社勤めをしていたとき、出張で何回か東京に行った。飛行機代が高くて、新幹線しか認められなかったころだ（偉いさんは別）。東京で行われる朝の会議に出るためには、新幹線で前夜遅くに着いて泊るか、夜行寝台特急を使わなくてはならない。会議が月曜日の場合は、日曜の朝一番の新幹線で東京に行けば、午後は自由に行動できる。私はいわゆる観光名所にはあまり興味がないので、植物の多い公園に行くことが多かった。

あるときの出張で新宿御苑に入って順路に沿って散策していると、芝生の広場の近くだったと思うが、約一五メートルの大きなタイサンボクがあり、実をつけた房（植物用語で「袋果」という）が落ちていた。タイサンボクの袋果は、小振りのトウモロコシのような形をしている。ただし、実の色は黄色ではなく赤だ。実の数は二〇粒ぐらいあった。それを拾ってきて、大きな一〇粒を選んでポットに播いたところ、一粒だけ発芽したのだ。

タイサンボクは葉が艶々《つやつや》してきれいだし、白い大きな花も好きなので、大切に育てた。現在、家の近くの雑木林の日当たりのよい場所で、一メートルの高さにまで成長している。

最近は飛行機の運賃が大幅に安くなって、広島・東京間は新幹線料金と大きな差がないので、東京に行く用事があるときは飛行機を使うことが多い。空いた時間にはいつものように植物の多い公園を散策するから、何がしかの木の実を拾って持ち帰る。

周知のとおり空港の搭乗口では、テロ防止のために持ち物検査が行われている。人は金属探知機で、手荷物はX線による透視装置で調べる。X線は放射線の一種なので、程度の差こそあれ生物に対して有害な作用をする。ジャガイモの発芽を防ぐために放射線を照射して市場に出している国もあるという。

それほど強力な放射線量ではないにしろ、拾った木の実に浴びせられては、ただでさえ低い発芽率のさらなる低下は間違いない。ゲートを通るときは、空港係員にその話をしてから木の実の袋を渡して、目で見て危険物ではないことを確認してもらっている。

ところが、あるときの若い係員は、私から受け取った袋を無造作にX線透視装置のコンベアに載せたので、あわてて回収した。発芽とX線の関係が理解できなかったのだろうか。私の急な動作に周囲の係員も緊張した顔をしていたが、別の係員に袋の中を見てもらって無事通過できた。

育てた木の葉で食べる和菓子

すでに手入れを終えた区域を歩いていると、日当たりがよくなった場所には新たな植物がいくつも芽を出している。これまでほかの樹木の陰で発芽・生育できなかったものが、文字どおり日の目をみたわけである。この森にも何本かあるアカメガシワの種は、一〇〇年間土に埋もれていても日光を受けると発芽する力を秘めていることで有名だ。自然界の偉大な力に、いまさらながら驚く。

もともと森になく、私が植えて成長を楽しみにしている木が二つある。カシワと大島桜だ。両方とも食べ物に関係している。自分で育てたカシワの葉で柏餅を、大島桜の葉で桜餅を食べてみたい。

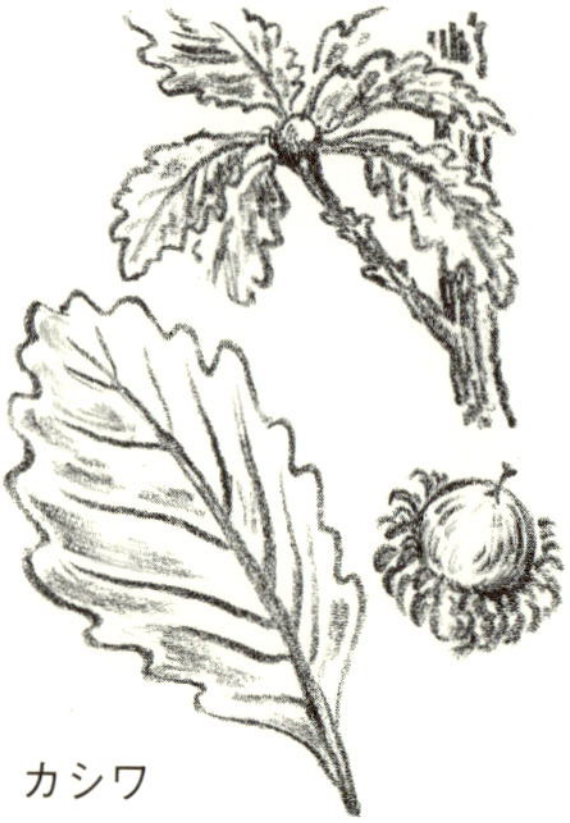

カシワ

いまどき本物のカシワの葉を使った柏餅など見たこともない。超高級和菓子店なら違うだろうが、たいていは緑のビニールを葉の形に切り抜いたものか、サルトリイバラの葉の代用である。子どもたちは、サルトリイバラの葉をカシワと思っているありさまだ。

カシワによく似た葉をもつ木にナラガシワがある。こちらはカシワよりも手に入りやすい。葉の形がカシワよりやや長めである以外は、見た目はよく似ているが、餅に巻いて蒸したときにカシワほど柔らかくならないと、本で読んだことがある。「柏餅を食べるときには葉は取るのだから、関係ないじゃないか」と言われればそれまでだが、こだわってみたい。

桜餅の場合は、スーパーの餅でも本当の大島桜の葉が使われているが、これも自分で育てたものでぜいたくに味わってみたい。桜餅の葉は、大島桜の葉を塩漬けにしたものである。桜餅のあの独特の香りはクマリンという成分で、大島桜に多く含まれている。以前テレビで見た桜餅用の畑では、茶畑のように大島桜が植えられていて、驚いた。

森で楽しむ人と森を楽しむ人

私が自分の森を持ち、探検と称して手入れを続けていることを知った友人の反応は、おおむね好意的である。類は友を呼ぶといわれるごとく、何らかの共通点がある者同士が仲よくなりやすいのだから、当然であろう。「山を買う金がよくあったな」と驚く人は確かに多いが、とくに親しくてふだんの生活ぶりを知っている友人は、「お前のことだから」と納得しているみたいだ。

そんな友人たちも、森に対する考え方では大きく二つに分けられる。多数派は、私なりの分類でいうと「森で楽しむ人」である。森を買ったなら山小屋を建てればいいとか、ツリーハウス(木の上につくった木造の小屋)が面白いとか、キノコ狩りをしようなどと言ってくる人たちである。

森の中でキャンプをしたり、虫を探したり、つまり何かをする空間のうちのひとつとして森があるということなのだ。キャンプやバーベキューは海辺や草原でもできるが、森でやるのも面白いということである。森でのコンサートはいつもと雰囲気が違って癒されるというのも、これに該当する。

一方、私を含めて少数派なのが「森を楽しむ人」である。その特徴をひとことで表すなら、何もしなくても森の中にいると気持ちがいい、ということだ。岩の上に座り込んでボーッとしていたり、何かを探すでもなくゆっくり歩き回って、ときたま鳥の声が聞こえると得した気持ちになれる。偶然に岩陰に咲いた花を見つけたら、きょうはよいことがありそうに思う。この人たちは、とにかく森を大切にする。

「森を楽しむ人」も、森の中での活動が嫌いではないだろう。どちらかの考えが一〇〇

%という人はいない。ただ、大きく分ければこうなると思う。

森林インストラクターとしての活動では、これまで森に親しんでこなかった人に、まずは「森で楽しむ」ことを教える。ゆくゆくは「森を楽しむ人」になってほしいというのが私の願いである。

森の手入れは、わがままを通したい

私の森の広さを知って、手伝いを申し出てくれる友人も何人かいたが、いずれもお断りしている。どんなに森についての考えが似通っていても、好みがまったく一致するなどということはあり得ない。ある木を伐るか残すかの判断は自分自身で行いたいと考えているからである。

サラリーマンというものは、地位によって程度の差こそあれ、上からの指示や周囲の状況によって己の思いとは異なる方向に進まざるをえない。自分は絶対こちらのほうが正しいと確信していても、組織の判断に従うことになる。私がほかの人より自分を抑えてきたというわけではないし、むしろ自分の意見を通したほうであった。それでも、サラリーマンを卒業した以上、たとえ間違っていても、自分の判断と責任でものごとを進めていきた

10センチのクスノキ。成長が楽しみだ

いというのが、偽らざる気持ちだ。

また、一部でもほかの人に手入れの判断を任せると、当然自分がすべての植物を見るわけにはいかなくなる。この四・四ヘクタールの森で、仮に一平方メートルに三本の木が生えているとすると、全部で一三万二〇〇〇本になる。これらすべてに目を通すことで、しっかりと森を管理している気持ちになれる。

事実、うれしい発見もあった。最近はじめてクスノキを見つけたのだ。ただし、同じ一本でも、成木になっていたウリハダカエデと違って、まだ高さ一〇センチの幼木である。しらみつぶしに地面を見ているからこその発見だ。クスノキもウリハダカエデと同じくほぼ日本中どこにでもあるありふれた樹木とはいえ、またひとつ森が豊かになっていくのはうれしい。

きっと、葉のない冬季に見逃したり勘違いした種類もあるだろう。いつか散策の途中に新たな発見があるのも、またいい。

そんな理由で、いまのところ森の手入れに関してはわがままを通させてもらっている。妻は何も言わずに後処理をやってくれているが、そのうち植物の知識がついてきたときに、さてどうなるか。

また、将来体力が衰えて、枯れた大木をチェーンソーで倒さざるをえないような場面になったら、元気な友人に協力を求めるかもしれない。勝手ではあるけれど。

寿命のあるうちに――今後の予定

妻が手伝いだしてから手入れのスピードが上がり、私の寿命のあるうちに終わらないのではないかという購入当初の懸念はなくなった。現在は、最後に残してあったAゾーンの西側の手入れをしている。

すでに書いたように、Aゾーンは前の持ち主グループが伐採していないので、大きな木が多い。木の種類も豊富である。新しい種類がいくつも見つかった。道路から近いので、体力が落ちても見に来られるだろう。

手入れが一巡したら、最初に私だけで行ったCゾーンを、もう一度整備し直そうと思っている。最近の部分と比べると、手入れの密度が低いというか、ていねいでないと感じるからだ。もちろん自由に歩き回ることに支障はないが、樹木の間隔が狭く、日照が十分ではない。加えて、一〇年が経過したので、いったん伐採した灌木《かんぼく》(ヤブになるような低木)が成長している。枯れたり台風で倒れた木が目につくようにもなった。

その後は、落ちている枯れ枝をかたづけたりしながら、散策を主体にしようと考えている。GPSで記録した興味ある植物を地図にしてみるのも面白そうだ。体力がなくなれば、ハンモックを吊るして本を読むのもいい。幸い同年輩より目がよいので、いつか読もうと買ったままになっている本を読んでいきたい。

三番目に購入した森については、四番目の大きな森に関心が移ったために、ときどき行く程度だ。頂上付近しか手入れしていないので、妻はこの森をきれいにすることに意欲をもっている。四カ所の土地のなかではもっとも遠くて山間部になるが、植物にあまり関心がない人にとっては、こちらのほうが遊び心を満足させるだろう。北側斜面なので、四番目の森のように、ヤブ状態で中を歩けないということはなく、手入れは早く進みそうだ。加えて、近々道路の舗装が始まるらしい。交通の便がよくなる。

一方で、子どもの代に森を手入れする楽しさを残しておくためには、これ以上あまり手を加えないほうがよいのでは、と思ったりもしている。

第5章

近くの山林を手に入れたいあなたへ

枝葉が空を覆ったホオノキ

資金を貯めるカギは日々の節約

ここまで、私が三〇代後半から二〇年あまりかけて行ってきたことを書いてきた。「はじめに」にあるように、趣味の範囲を超えて、道楽のレベルである。

森を買う金をほかのことにまわしていたら、世間でいうところの、もっとよい暮らしができたかもしれない。しかし、いまとなってはそんな生活を思い浮かべることはできない。そして、森のある生活に突き進むことができたのは、家族の協力あってにほかならない。言葉にはしていないが、本当に感謝している。

この本を読まれて、私が資産家の出身か高給取りだと誤解された方がおられるかもしれない。だが、それはまったく違う。私は本当に、ふつうのサラリーマンだった。ふつうという意味は、「偉いさん」ではないということだ。

森を買う資金を貯めるカギは、日々の暮らしのなかで、無理のない範囲で、長いあいだ継続して節約することである。私はタバコは吸わないし、お酒も忘年会など職場の行事のときにお付き合いで飲む程度だった。晩酌の習慣は、いまもない。車を買ったのは、どうしても必要になった五〇歳近くになってからである。

森を楽しむには四〇代から

私が会社に入ってまもない二〇代前半のころの夢は、無人島を購入して住むことであった。ただ漠然とした夢だったが、少し貯金ができてまじめに考えてみると、サラリーマンとしては実現不可能に思えた。島の価格だけでなく、交通手段の確保や水・電気、それに周辺の漁業権の問題もあるかもしれない。

たまに買う宝くじが当たるとも思えないので、この夢はいったんお蔵入りとなった。後年、歌手のさだまさしが長崎の無人島を買ったことを知り、「やっぱり、あんな人でないと買えないな」と納得したものである。テレビでの彼の話によると、飲料水の確保に島の購入費ぐらいの費用がかかったらしい。

その代わりという意識はまったくなかったのだが、三〇代後半に偶然に近くの雑木林にめぐりあったのを契機に、森林にかかわることを生涯の趣味とする方向へ大きく舵をきった。次々と森を購入できたのは、ほかのお金のかかるレジャーに心を動かされなかった結果でもある。

定年退職時に多額の退職金をいただける方は、それである程度整備された広い森林を買って楽しめる。だが、私のように自分で探検気分を味わいながら森を楽しむには、何よりも時間と体力が必要である。五〇代前半、できれば四〇代から着手されるほうがよい。

その年代は仕事が忙しいし、子育てや何やらでとてもそんな余裕などないと反論されるだろう。しかし、数十年後の自分のために、早めに種を播きませんか。誰でもとまでは言わないが、チャレンジできる方は多いように思う。

自然ブームの背景にある職場環境の変質

近年、自然のなかでの暮らしに憧れたり、自然に親しむことを楽しむ人びとが、急増している。「都会のにわか自然教信者が増えた」と皮肉交じりに言う人もいるが、自然ブームであるといっても間違いではないだろう。東広島市近辺でもバードウォッチングの会の案内がタウン紙に載ると、主催者の予想を超える人数が双眼鏡を手にして集まる。高価なフィールドスコープ(野外観察用の望遠鏡)も何台か見かけるそうだ。

森林浴という言葉も、最近では一般社会で広く通用する。植物観察会で植物が発散するフィトンチッド*について話しても、違和感なく受け入れられている気がする。単なるリフレッシュ効果を期待するだけでなく、医学的に森林浴の効果を検証すべく、国の支援を受けた森林セラピー基地も各地に誕生している。広島県にはまだないが、隣の島根県や岡山県にはオープンした。

以前から、環境問題に関心をもつ人びとのあいだで、自然に交わることの大切さが認識されてきた。むかしは自給自足の生活に挑戦する人たちが好奇の目で見られたものだが、最近は眼差しがいくらかやさしくなってきたようである。

むかしの仕事が楽だったとは思えない。しかし、最近の過労死や鬱病などの精神疾患、さらに中高年、なかでも男性の自殺の増加を見ると、職場の環境というか雰囲気が大きく変質してきていることは間違いないだろう。

合理化・コストダウンは、トヨタ自動車の「乾いたタオルを絞る」という比喩が有名である。それは、どの会社でも以前からずっと追求してきた。私自身の若いときの仕事も、生産技術の合理化の提案である。当時は、提案を受け入れる側も、それを喜んでいたような気がする。

やはり成果主義が唱えられ、年功序列・終身雇用が排斥される流れが、変質の原因にあるのだろう（完全な年功序列・終身雇用制度を採用していた民間企業など、実際にはなかったと思っているが）。青色発光ダイオードの特許に関する、開発技術者と会社の争いを覚えている方は多いだろう。これも、個人の成果を全体の業績のなかでどう位置づけるかという問題である。

年功序列・終身雇用制度は会社対個々の社員の問題と受け取られがちだが、実際には違う。年功序列・終身雇用は社員相互の助け合い制度なのである。長い人生のあいだには、素晴らしいアイデアがひらめくときもあれば、スランプに陥るときもある。若くして才能を発揮する人もいれば、地味な仕事を続けて晩年に大輪の花を咲かせる人もいる。途中で病気になるかもしれない。

家族をもち、子どもが大きくなると、教育にお金がかかる。家も建てなければならない。自分が成果を上げたときは周囲にも分け与え、貢献できないときは助けてもらうという、社員相互の保障制度があることによって、何よりも大切な安心感が生まれてくる。腰を落ち着けて、長い目で人生を考えることができる。

定年が近い年齢になっても、納得できる待遇を約束されていれば、自分の知識や技能を後継者に伝えようとするだろう。若い人の腕が上達したら、ベテランは給与の安い窓際に移らされるような制度のもとで、誰が仕事のノウハウを伝えるだろうか。できるだけ教えずに、自分の存在価値を高めようとするだろう。会社にとってどちらが得か、経営者はよく考えるべきである。

しかも、仕事は国際化している。日本は夜でも欧米は昼なので、通信回線を経由して刻々とデータが入ってくる。二四時間働かなくてはならないような雰囲気にならざるをえない。

＊ロシアのレニングラード大学教授のB・P・トーキン博士が一九三〇年ごろ、高等植物が傷つくと周囲にあるほかの生物を殺す物質を出すことに気づいた。博士はこれをフィトン（植物）チッド（殺す）と名づけた。フィトンチッドはテルペン系の揮発物質で、微生物や昆虫を殺す一方で、人間に対してはむしろ有益に働く作用があるとされる（B・P・トーキン、神山恵三『植物の不思議な力＝フィトンチッド』講談社、一九八〇年）。

急増した田舎暮らし志向

このように、ストレスがたまる要因はいくらでもある。フランスやイタリアの労働者の優雅なバカンスの様子がテレビで放映されれば、よけいに疲れが増すというものだ。それもあって、日本人の多くが自分の現在の生活に目を向けはじめたのだろう。

また、中国産食品の安全性が問われて以来、国産の食べ物を見直す動きが盛んになった。忙しいなかでも、加工食品をやめて素材から調理する割合を増やそうという傾向もある。さらに進んで、自分で野菜を育てる人が増えた。市民菜園を借りて栽培する人は以前からいたが、マンションのベランダやビルの屋上のような、もともと土のない場所でも、鉢や発泡スチロールを利用して栽培に挑戦する人が多くなっている。これは、そうした人びとを対象にしていると思われる栽培法の記事が新聞に連載されていることからもうかがえる。

高いお金を払ってでも美味しい水を求めたり、木肌の温もりが感じられるログハウスの人気、家の内壁に漆喰《しっくい》や珪藻土《けいそうど》を採用することなども、同じ流れだと思われる。

本屋に寄ると、自然生活・アウトドア・スローライフなどの表題に交じって、数年前から田舎暮らしに関する本が増えた。関連する雑誌はいずれも、過疎地の空き家情報を掲載している。私と同じ団塊の世代の大量の退職者、あるいはその予備軍が、都市を離れて、田舎に生活の基盤を移すことを考えだしているためだろう。

北海道・長野・和歌山・四国・鹿児島・沖縄など、移住先は全国に分布している。そうした人たちの著書や移住レポートを読むと、一様にその素晴らしさをうたい上げている。テレビの特集番組をご覧になった方もいるだろう。ベランダの発泡スチロールの空箱に園芸店で買った腐葉土を入れ、カイワレ大根の種を播くといったレベルではない、本物の自然の生活を楽しんでいる。

田舎暮らしは楽ではない

しかし、田舎の生活は実際には大変だと思う。移り住んでその生活を本に著した人は、田舎に溶け込めた人だろう。その陰で、どれだけの人たちが、いったんは田舎で暮らしたものの、自然の厳しさ、習慣の違い、収入の減少などによって、ふたたび都市に戻っていったであろうか。

会社勤めを終えて十分な年金のある人、あるいは作家、芸能人、木工・陶芸・染色・織物作家など、独自の収入がある人は比較的、定着するようだ。けれども、一般のサラリーマンが土地の入手から始めて、農業で暮らしを立てるには、きわめて大きな困難を覚悟しなければならないと思う。そもそも、先祖伝来の土地をもち、生まれ育った人でさえ、暮らせずに都市へ出ていくのだから。お金に困らない人ならいざ知らず、子どものいる家族が簡単に移り住めるところではないと思う。

田舎は広くて、空気がいいし、自然がいっぱいある。逆に、少ないものもある。それは人だ。人が少ないからこそ、デパートも映画館もできなかった。排ガスで空気を汚すこともなく、草の生えた道が残り、虫や野鳥がすみかを追われることもなく、「大自然」が残った。

田舎に住むということは、多くの人の存在を前提にした便利社会(これを都市というのだろう)から離れることなのだと、しっかり認識しなければならない。きつい言い方をすれば、明治時代とまでは言わないが、何十年かむかしに戻る覚悟がいる。ただし、むかしと違って電波やインターネットを介して、情報だけは地方都市並みに入手できるのが救いである。

現実問題として、教育施設や診療所、ある程度の大きさの町まで頻繁に行ける交通機関、消防・警察との連携などは最低限、必要に思われる。子どもの急な病気や自分たちの老後の健康を考えると、おいそれとは本当の田舎に移住できないのが実状ではないだろうか。

安い土地を買って二住生活

それでも、豊かな自然に親しみたいという気持ちも押さえきれない以上、両方の折衷案を採らざるをえない。すなわち、都市に住みながら自分の田舎を確保するのである。都市の自宅からそれほど遠くない「田舎」に実家がある人は、将来そこを譲ってもらえばよい。だが、そうしたケースは少数であろう。

一般的なのは、自宅から車で二～三時間の範囲に田舎を求めることである。この程度の距離ならば、週末に出かけて手づくりの小屋に一泊して帰宅できる。こうした形で田舎や自然を楽しんでいる著名人も多い。この方法は現実的なのだが、週一度ぐらいしか出かけられないという欠点がある。

会社勤めのあいだはそれで十分だ。けれども、定年後に、毎日とまではいかなくても、一日おきぐらいに訪れて野菜の世話をするのはむずかしいだろう。キュウリ・ナス・トマト・イチゴなどを栽培したことのある方ならご承知のとおり、毎日のように実がなる。収穫のタイミングをはずすと、熟れすぎたり、逆にまだ熟しきらないうちに採らねばならない羽目になる。

そこで、ここではもう少し近い場所の確保について、私の事例をあげてお話ししたい。私が暮らす東広島市は人口約一八万人、広島県のほぼ中央にある。県庁所在地の広島市からはJRで三〇分の距離だ。

バブルがはじけて、土地の値段の下落が続いてきた。地方の住宅地の価格は、ようやく下げ止まりつつあるというところだろうか。しかし、以前より安くなったとはいっても、畑や自分の森にするにはきわめて高価であることに変わりはない。

では、一般の人が家を建てないような土地の価格はどうなっているのだろうか。山林の地価公示などをみてきた私の感触では、バブルの前もバブルの最中も、そしていまも、値段はあまり動いていないように思える。

山奥でなくとも、住宅を建てるには制約が多い土地がある。たとえば、道路が狭くて自動車が通行できない、排水が流せない、などだ。こうした土地は、誰も「土地」とは思っていない。持ち主でさえも、まさか売れるとは思っていない。だから、不動産広告にはまず載らず、一部の不動産業者しか情報を集めていない。こうした土地ならば、近隣の有用な土地に比べて一〇分の一～三〇分の一の価格で入手できる。

本当に安い土地を探す秘訣は、その土地を将来売って儲けようと思わないことだ。あなたが少しでもその可能性を感じたなら、現在の地主はもっとそう思っているにちがいない。だから、安い値段で売ってくれるはずはない。

山林を購入したい人へのアドバイス

一番よいのは、山間部に住み、周囲に信頼されている知人に紹介を依頼することである。

山林の値段は安い。そして、この安さが逆に売買の障害になっている。田舎の人は意外に近所の目を気にするところがある。「山を売ったことが近所に知られたら、どう言われるだろうか」「はした金のために先祖伝来の山を売ったと言われるのではないか」と恐れるのである。

何千万円とまとめて買ってくれるとか、高速道路ができるので仕方ない、など顔の立つ言いわけができるのであれば、喜んで売るだろう。道楽のために何千万もつぎこめない私やあなたがそんな人たちの山林を入手するには、「知り合いに頼まれて、どうしても断れないから、仕方なく少しだけ譲ってやった」という形を取るのである。

第二は、各地の森林組合に問い合わせる方法である。子どもたちが都会に出ていって、山林をもて余している所有者は少なくない。売る相談を持ちかけられることは、以前より増えているはずだ。森林組合の仲介であれば、双方に顔が立つ妥当な価格で取り引きできるというメリットもあると思う。

第三は、競売物件だ。「隣が買ったから、うちも」ということでもないだろうが、分不相応に高額な農業機械を買いそろえたために、金融機関からの借金が返せなくなったという農家も、少なくないだろう。

事実、広島県では山林の競売が増えている。都会のビルやマンションのように複雑な権利関係になっているケースは少ないので、素人でも入札しやすい。この場合も、不動産業者が開発しそうな地形の物件を選んではいけない。整地して宅地として売ることを前提にした入札金額と競合しても、勝てるはずがないからだ。あくまで、雑木林のまま放っておくしかない土地を探すことである。そうした土地は最低入札額が低いし、入札者もあまりいない。

私はこれ以上山林を買っても手入れができないので、本気で探す気はないし、老後の生活を考えると、とても買い増しは不可能である。それでも、競売の公告にはつい目がいってしまう。友人から「手ごろな山林がないか」と紹介を頼まれているという事情もある。安くて面白いと思える物件があると、妻に「見るだけでも、行ってみる?」と声をかける。妻のほうも、実際には買えないとわかっていても、近ごろは行く気になるようだ。この一年間にそんな例が二つあった。広さは、ともに二~三ヘクタールだ。ただし、仮に資金があっても、買う決断はしなかっただろう。

一件は高速道路が側を通っていて、予想以上に車の音が大きい。畑や果樹園にするには問題ないけれど、野鳥は寄ってこないだろうし、森の雰囲気にのんびり浸るのはむずかしい。

もう一件は静かなところで、広い舗装道路に近い。しかし、直接道路に接しているのは三メートルぐらいで、その入口には段差がある。それだけなら削って斜面にすればなんとかなるのだが、妻が気になるものを見つけた。隣接する広い平地の近くに、「工場進出絶対反対」という看板が立っていたのだ。騒音が気になるし、悪臭が発生するかもしれない。公害防止の設備がつけられたとしても、なんとなく心配になる。

一見好条件なのに安いのには理由がある。それも頭において辛抱強く探せば、必ず見つかるだろう。

納得と説得のために

自然が好きで、森のある生活に憧れる気持ちは十二分にあるが、大金を回収の見込みのないことにつぎこむ決心がつかない、あるいは家族を説得する自信がないという方も、少なくないかもしれない。最後に、そうした人たちのために希望のもてる話をしよう。

現在は国産木材の価格が安く、したがって林業はたいへん厳しい。だが、世界中で環境問題の重要性が叫ばれ、各国が資源の確保に動きはじめている。日本が従来のように木材を自由に輸入できる時代は、過ぎ去りつつあるのだ。

二〇〇七年には中国が木炭の輸出を制限した。ロシアもベニヤなどの合板に使う原木の輸出関税を大幅に引き上げ、事実上の禁輸に動いている。これから国産材は、きっと高くなっていく。それにともなって、山林価格も上昇していくと思われる。

市街地からあまり遠くなく、ある程度の道路がついている山林は、木材の搬出が容易である。今後は、安い価格での入手が明らかに困難になる。

いま買っておいて、値が上がったら売ろうと思われては、私も心外である。あくまで、ご自身の納得と配偶者の説得のために、「子孫に財産を残す」という名目を使われてはいかがだろうか。

あとがき

新聞やテレビで、団塊世代の退職が社会に及ぼす影響が取り沙汰されている。私もそのひとりなのだが、少数派であることは間違いない。

多くの団塊の世代は、六〇歳になってもすぐにリタイアしないだろう。大半は自分の意志によって、同じ会社や関連会社、あるいは自らの経験を生かせる職場で仕事を続けるだろう。それは、これまでの生活を変えない、もっとも安心な道だ。

しかし、人それぞれの人生であることは前提としたうえで、「本当にそれでいいの？」と問いたい気持ちが、私にはある。金銭面を豊かにして将来への不安を減らすほうがよいのか、生活は質素でも、やれるうちにやりたいことをしたほうがよいのか。最期の瞬間に、自分で判定することになるのだろう。

私の最期は、いわゆる樹木葬と決めている。一番大きな四番目の森にある、気に入った数本の大木の根元に、肥料代わりに骨を撒いてほしいと思っている。海への散骨など、葬送についての社会の考え方も変化しつつある。私があの世へ行く二〇～四〇年後でも何らかの法的な手続きは必要だろうが、もっとも近い民家でも七〇〇メートル以上離れているので、ご迷惑にはならないだろう。

木の寿命は数百年であるが、人間の心は移り変わりやすい。森林の保存は本当にむずかしい。いまは、日本の多くの人びとが自然環境の大切さを説いている。しかし、わずか四〇年前は、高度経済成長で日本中が浮かれていたではないか。

かくいう私自身も、当時は自然保護にそれほど強い関心を抱いていたわけではない。政治家もそのときどきの選挙民の意向によって意見を変えると思うので、あてにはならない。屋久島のスギの一部が豊臣秀吉の命令で伐採されたように、奥地にある木といえども安心はできない。

そうしたなかで、日本各地に残る神社仏閣の森は、世界でも珍しく樹木が長く保存されてきた貴重な財産である。明治初期の廃仏毀釈《はいぶつきしゃく》の嵐のなかで一部の例外はあったものの、時の権力者といえども簡単には手をつけられなかった。木の寿命が尽きるほどの長い期間、伐採させないためには、信仰にかかわる手段しかないのかもしれない。

私の骨が撒かれていれば、子や孫が木を伐ることはないだろう。よほどのことがないかぎり、森を売ることもしないだろう。私が樹木葬を望むのは、第一には森の大木の一部になりたいという理由からであるが、第二にはこのような考えにもよるのである。

二〇〇九年九月

藤澤　和人

〈著者紹介〉
藤澤和人（ふじさわ・かずと）
1947 年　大分県生まれ。
2001 年　33 年間勤務した会社を早期退職。
現　在　広島県森林インストラクター、（全国）森林インストラクター。広島県東広島市在住
連絡先　morinosei@hotmail.com

森の道楽　自分の森を探検する

二〇〇九年一〇月二〇日　初版発行
著　者　藤澤和人

発行者　大江正章
発行所　コモンズ
東京都新宿区下落合一-五-一〇-一〇〇二
TEL〇三（五三八六）六九七二
FAX〇三（五三八六）六九四五
振替　〇〇一一〇-五-四〇〇一二〇
info@commonsonline.co.jp
http://www.commonsonline.co.jp/
印刷／東京創文社・製本／東京美術紙工
乱丁・落丁はお取り替えいたします。
ISBN978-4-86187-065-1 C0061

＊好評の既刊書

森のゆくえ 林業と森の豊かさの共存
●浜田久美子 本体1800円＋税

森をつくる人びと
●浜田久美子 本体1800円＋税

木の家三昧
●浜田久美子 本体1800円＋税

森林業が環境を創る 森で働いた2000日
●安藤勝彦 本体1700円＋税

里山の伝道師
●伊井野雄二 本体1600円＋税

森の列島《しま》に暮らす 森林ボランティアからの政策提言
●内山節編著 本体1700円＋税

森林療法のすすめ 癒しの森で心身をリフレッシュ
●上原巌 本体1600円＋税

半農半Xの種を播く やりたい仕事も、農ある暮らしも
●塩見直紀と種まき大作戦編著 本体1600円＋税

本来農業宣言
●宇根豊・木内孝ほか 本体1700円＋税

土の匂いの子
●相川明子編著 本体1300円＋税